아파트에서도 싱그럽게!
우리 집 환경에 맞는 화초 추천 & 홈가드닝 꿀팁 전수

산타벨라처럼 쉽게
화초 키우기

글·사진 산타벨라

중앙books

화초 같은 거,
두 번 다시 사나 봐라!?

"로즈메리요? 얘는 머리를 맑게 해줘서 애들 공부방에 두면 좋아요. 이왕이면 라벤더도 하나 더 사가시구려. 향기가 너무 좋아서 화장실에 두면 불쾌한 냄새가 싹 가신다니까. 얘네들은 물 주기도 엄청 쉬워요. 일주일에 한 번만 주면 되니까."

어디서 많이 들어본 말이지요? 말투로 보자면 우리 동네 꽃집 아줌마가 늘 하는 소리요, 내용으로 보자면 근사한 사진과 함께 TV나 잡지에서 소개하는 것들이잖아요. 하지만 모두 거짓말! 하나같이 새빨간 거짓부렁! 정말 이대로 했다가는 금세 돈 아깝다는 생각이 들 겁니다.

'으~, 하라는 대로 했는데 왜 죽어? 역시 난 안 되나 봐. 화초 같은 거 두 번 다시 사나 봐라!'

화초 키우기 책에는 왜 그렇게 어려운 말이 많은지요? '표토'니 '삽목'이니 '시비 방법'이니 '이식'이니 '내한성'이니…. 그 수많은 전문 용어를 어떻게 다 알겠어요. 그리고 책을 보고 뭣 좀 따라 만들려고 하면 중간 과정은 왜 또 그렇게 많이 생략했죠? 처음부터 끝까지 자세하게 보여줘야 하는 거 아닌가요? 맘에 든 아이템 하나 골랐다 했더니, 이번엔 재료 구하기가 쉽지 않네요. 인터넷에서 찾은 원예 정보도 대부분 현실과 너무 동떨어져 있죠. 뭐 하나 키우려면 온도, 습도 따져야 하고, 흙의 비율은 몇 대 몇으로 해야 한다 등등…. 아유, 머리 아파.

사람도 제대로 못 맞추고 사는데 어떻게 식물 하나하나마다 딱 맞는 환경을 만들어줄까요. 화초 키우기 완전 생초보를 위한 쉬운 책은 어디 없나요? 이왕이면 글로만 잔뜩 써놓은 거 말고 눈으로 볼 수 있게 사진으로 설명해주면 정말 좋겠는데…. 화초 하나 제대로 키우기가 정말 말같이 쉽지는 않지요?

화초 키우기의 현실적인 기본기,
산타벨라가 알려드려요!

화초를 보고 가슴이 뛴 경험이 있나요? 그런 사람이 어디 있냐고요? 제가 그런 사람이에요. 꽃 생각만 하면 가슴이 쿵쾅쿵쾅 뛰는 사람, 아무리 화나고 속상한 일이 있어도 화초를 바라보며 어루만지고 있노라면 절로 마음이 잔잔해지고 너그러워지는 사람…. 그런 사람이 바로 저랍니다. 당신도 언젠가 어느 순간, 예쁜 꽃 한 송이에 어두웠던 마음이 조금이나마 밝아지는 걸 느낀 적이 한 번쯤은 있지요? 에이, 부끄러워하지 말고 솔직히 그렇다고 말해보세요.

꽃집 앞을 지나다 보면, 화사하고 싱그러운 분홍 꽃잎과 초록 이파리들이 지갑을 만지작거리게 만들지 않나요? '예뻐라, 화초 하나 사가지고 들어갈까?' 여기까지는 좋았는데, 머릿속에선 당신의 이성이 이렇게 말하지요. '만날 죽이면서 또 사냐? 이번에도 며칠 못 갈 거다!' 어떡하실래요? 화초 하나 사실래요, 그만두실래요?

'회색빛 콘크리트에 갇혀 살 수밖에 없지만 그래도 조금은 자연을 가까이 두고 살고 싶다.' 아마도 많은 도시 사람들의 바람일 거예요. 생각만 하지 말고 마음에 드는 화초 하나 당장 길러보세요. 돈을 왕창 들여 멋들어지게 꾸민 베란다 정원까지는 아니더라도 좋아하는 꽃 화분 하나가 당신을 미소 짓게 한다면, 망설이지 말고 지갑을 열어보세요.

화초 키우기, 생각보다 어렵지 않아요. 기본적인 관리 요령만 제대로 알아두면 되거든요. 어떤 화초가 어떤 매력이 있는지, 어떻게 관리하면 되는지 제가 알려드릴게요. 구하기 쉬운 재료를 이용해서 당신의 집 안을 더욱 멋지게 꾸미는 '그린 인테리어' 방법도 알려드려요. 쉬운 말로, 자세하게 하나씩 하나씩 말이에요.

자, 지금부터 산타벨라의 화초 이야기, 들어보실래요? 레디? 고!

Contents

PART 4

조금만 노력하면
나도 전문가

· PART 1 ·

이 정도만 알아도
화초를 키울 수 있어요!

도대체 화초를 집에 들이기만 하면 죽어나가는 이유를 모르시겠다고요?

물도 자주 주고 애정도 쏟았건만

도무지 화초 키우는 데는 재능이 없는 것 같다고요?

그렇지 않아요. 당신도 충분히 할 수 있어요.

원예 이론서의 딱딱한 지침이 아니라 제가 직접 키우면서 터득한

화초 키우기의 기본 노하우를 알려드릴게요.

·01· 튼튼한 화초 고르는 법

화초를 키우려면 우선 화초를 구해야겠죠?

꽃집 아줌마의 말만 믿고 아무 화초나 덜컥 집어 오지 마세요.

같은 종류의 화초라도 좀 더 건강하고 튼튼한 녀석이 있게 마련이랍니다.

처음부터 건강한 것을 골라야 키우기도 수월하겠죠?

자, 그러면 다음 지침을 주의해서 살펴보세요.

01

화초 기르기 초보자라면 처음엔 규모가 큰 꽃집으로 가세요. 같은 종류의 화초라도 여러 개 있는 곳에 가면 그중에서 서로 비교할 수 있기 때문에 좀 더 건강한 녀석을 고를 수 있거든요. 물론 나중에 화초를 고르는 안목이 생기면 작은 꽃집도 많이많이 이용해 주세요.

02

화려함에 현혹되지 마세요. 화려한 겉모습보다는 식물의 건강 상태가 가장 중요하다는 것을 염두에 두고 골라야 해요.

03

한눈에 싱싱함이 물씬 느껴지는 것을 고르세요. 같은 종류의 식물을 여러 개 놓고 비교해봤을 때 잎 색깔이 가장 진하고 잎맥이 뚜렷한 것, 줄기가 굵고 튼튼하며 잎 표면이 매끈한 것이 건강한 녀석이랍니다.

🌱 **조심하세요!**

실내 식물 대부분은 계절에 관계없이 구입할 수 있는데, 특히 겨울에 구입할 때는 조심할 점이 있어요. 온도가 높은 꽃집에 있던 녀석을 데리고 와서 다짜고짜 추운 베란다에 두었을 경우, 갑작스러운 환경 변화로 스트레스를 받아 상할 수 있거든요. 식물이 제일 싫어하는 게 바로 환경 변화랍니다. 며칠 간격으로 조금씩 온도가 낮은 곳으로 옮겨 적응할 시간을 주세요.

04
화분 밑으로 뿌리가 비어져 나온 것이 좋아요. 뿌리가 잘 내렸다는 증거거든요.

05
화분의 흙도 두 눈 동그랗게 뜨고 작은 벌레가 기어 다니지는 않는지 꼼꼼하게 확인하세요. 화분을 들어 밑바닥도 살펴봐야 해요.

06
꽃은 일단 색깔이 선명하고 상처나 얼룩이 없으며, 송이가 크고 꽃대가 굵은 것이 좋다는 거 아시지요?

07
반드시 잎 앞뒤를 꼼꼼히 살펴보세요. 잎에 작은 반점, 얼룩이 있거나 표면이 울퉁불퉁하다면 건강하지 않은 거예요. 벌레는 주로 잎 뒷면에 많이 붙어서 사니까 잎 하나하나 뒤집어서 잘 살펴보세요.

08
꽃이 피는 식물을 살 때는 대부분 아직 피지 않은 꽃봉오리가 많은 것을 좋아하는데, 그것보다는 꽃이 두세 송이 피기 시작한 것을 구입하는 게 훨씬 안전해요. 집으로 식물을 데려오면 온도와 습도, 빛의 밝기가 맞지 않아 꽃봉오리가 피지 못하고 그대로 마르거나 떨어져 버릴 수 있거든요.

09
덩치가 큰 식물은 반드시 줄기 아랫부분을 잡고 화분을 흔들어보세요. 식물이 흙 속에서 이리저리 흔들리며 화분과 따로 놀면 위험해요. 식물과 화분이 한 몸이 되어 같이 흔들려야 뿌리가 잘 내린 것이랍니다.

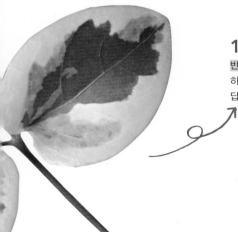

10
반짝반짝 광택 나는 잎에 현혹되지 마세요. 원래 건강한 식물의 잎은 특유의 윤이 나는 게 당연하지만, 요즘은 어느 꽃집에서나 식물 광택제를 뿌려 일부러 윤을 내기 때문에 분간하기 어렵답니다.

02 하나씩 있으면 든든한 가드닝 도구

기본적인 도구를 갖추면 화초를 더욱 손쉽게 가꿀 수 있어요.

하나쯤 마련해두면 너무나 편리한 가드닝 도구들입니다.

견고함과 기능성을 따지는 게 먼저지만, 요즘은 허술하게 만든 도구는 거의 없어요.

이왕이면 맘에 드는 색깔과 디자인의 예쁜 도구를 장만하세요.

손에 들고 작업할 때마다 즐거움이 배가된답니다.

꽃삽
흙을 파거나 식물을 옮겨 심을 때 필요해요. 흙을 담는 부분과 손잡이가 튼튼하게 연결된 것을 고르세요.

모종삽
화분에 많은 양의 흙을 퍼 담을 때 필요한 도구예요. 커다란 페트병을 비스듬히 잘라 모종삽 대신 사용할 수도 있답니다.

가위
화초를 다듬을 때 필요합니다. 한 번에 깨끗하게 잘리는 가위가 좋은 거예요. 여러 종류가 있지만 실내에서는 이런 꽃가위로도 충분해요.

앞치마와 장갑
분갈이 등의 작업을 할 때 흙을 묻히지 않게 하거나 손을 보호해줘요. 앞치마는 가위나 꽃삽 등을 넣을 수 있도록 주머니가 달린 게 좋아요.

커다란 양철 대야
분갈이 등을 할 때 양철 대야 안에 넣고 하면 바닥이 더러워지지 않아요.

분무기
잎에 물을 뿌리거나 약을 칠 때 필요해요.

물뿌리개

화초에 물을 줄 때 사용해요. 주둥이 부분이 긴 것을 고르세요. 그래야 깔끔하게 물을 줄 수 있답니다.

작은 스푼

작은 용기에 흙을 담을 때 필요해요. 커다란 꽃삽보다 훨씬 더 섬세하고 깨끗하게 작업할 수 있어요.

바스켓

잘라낸 줄기나 마른 잎 등을 넣는 쓰레기통 역할을 한답니다.

브러시와 빨대

잎에 묻은 먼지를 제거할 때 요긴해요. 잎이 넓은 식물의 먼지는 브러시로 털어내고, 브러시가 닿지 않는 구석의 먼지는 빨대로 훅 불면 제거할 수 있답니다.

빗자루와 쓰레받기

잘라낸 줄기나 마른 잎 등을 깨끗이 치울 때 필요한 도구예요.

·03· 올바른 햇볕 쬐이기

"화초를 키울 때 가장 좋은 햇빛의 강도는 어느 정도죠?" "관엽식물에 제일 좋은 빛의 밝기는 반음지라고 하는데, 반음지는 대체 어떤 곳이에요?" "음지와 반음지, 양지와 직사광선은 어떻게 달라요?" 화초 키우기에 관해 제가 가장 많이 받았던 질문입니다.

사전적인 의미로 볼 때 빛은 다음과 같이 구분할 수 있습니다.

직사광선 : 정면으로 곧게 비추는 빛살

양지 : 볕이 바로 드는 곳

반음지(밝은 음지) : 절반 정도 그늘진 곳

음지(응달) : 볕이 잘 들지 않는 그늘진 곳

우리 집 거실과 베란다 모습입니다. 오른쪽이 창문인지라 오른쪽에서 왼쪽 방향으로 햇빛이 들어옵니다. 자, 이제부터 사진 속의 기호 A, B, C를 잘 보세요. 위 사진에서 빛은 이렇게 정리할 수 있겠군요.

베란다 창밖 : 직사광선

A : 양지

B : 반음지

C : 음지

A(빨간색, 검은색) : 햇빛이 움직이는 방향에 따라 잠깐 반음지가 되기도 하나 양지에 포함되는 부분

B(연두색) : 어떤 사물의 그림자에 가려 빛이 직접 닿지 않으므로 반음지가 되는 부분

※직사광선도 넓은 의미에서는 양지에 해당하지만 여기서는 편의상 따로 구별했습니다.

TIP!

어느 책에서 보니 반음지란 햇빛이 레이스 커튼을 한 번 통과한 정도의 빛이라고 하던데, 레이스 커튼도 짜임이 다 다를 테니 썩 믿을 만한 표현은 아닌 듯해요. 꽃집 주인들이 어떤 식물을 권하면서 "이거, 어두운 곳에서도 잘 자라요" 하는 말 역시 믿을 게 못 된답니다. 아무리 음지식물이라고 해도 어느 정도 햇빛을 쬐어야만 건강하게 살아갈 수 있고 보기에도 예쁘게 자라요. '햇빛 싫어하는 식물은 없다'는 말, 꼭 기억하세요.

사진 속에서 가장 환한 곳이 양지이고 옅은 그림자가 지는 곳이 반음지입니다. 화단 높이 때문에 하루 종일 그늘이 지는 부분 역시 반음지이고, 거실 안쪽 해가 전혀 닿지 않는 어두운 곳이 음지입니다. 물론 계절에 따라 햇빛이 들어오는 깊이가 다르기 때문에 반음지가 양지가 되는 때도 있습니다. 자, 이제 구별이 되시나요? 유리창 새시를 설치한 일반 아파트의 실내라면 창문과 방충망을 치우지 않는 이상 직사광선이 비추는 공간은 없답니다. 그리고 이거 아세요? 유리창이 아무리 투명해 보여도 햇빛이 유리를 거치면서 실내에 들어오면 강도가 약해진다는 것 말이에요.

직사광선   유리창 한 겹

유리창 한 겹 + 방충망   유리창 한 겹

왼쪽 사진은 우리 집 베란다에 햇빛이 밝게 들어왔을 때 찍은 거예요. 유리창과 방충망을 없앤 상태에서 그대로 들어온 직사광선과, 유리창 한 겹을 통과한 햇빛은 확실히 다르지요? 이러니 바깥에서 직접 쐬는 직사광선과 실내로 들어오는 빛은 차이가 나겠지요. 유리창을 두 겹으로 겹치면 빛은 더 약해집니다. 거기다 방충망까지 겹쳐놓으면 햇빛은 더욱 약해지지요.

유리창에 색깔을 넣어 코팅한 경우라면 더더욱 그렇고요. '방충망에는 그래도 구멍이 뚫려 있으니 빛이 강하겠지'라고 생각하시겠지만, 사실은 그렇지 않답니다. 이제 빛에 대해 감이 좀 잡히지요?

식물은 키우는 사람의 관리 방법과 환경에 따라 어느 정도 적응을 하긴 합니다. 하지만 이 말만 믿고 전혀 맞지 않는 환경에서 식물을 키운다면 백전백패로 끝나지요.

예를 들어, 북향에 베란다가 있는 집에 사는 사람이 골드크레스트(유통명 '율마')를 너무 좋아해서 '우리 집에 가지고 가서 적응시키며 키워야지' 하는 마음으로 한 그루 샀다고 해볼까요? 직사광선에 가까운 강한 햇빛을 좋아하는 골드크레스트가 북향의 베란다에서 살게 된 겁니다. 이 경우 아무리 물을 잘 주었다고 해도 시간이 지나면 일조량 부족으로 수형(식물의 전체적인 모양)이 흐트러지고 색깔도 보기 싫어지는 것은 물론 웃자라거나 잎이 마르고 처지다가 끝내 주인과 작별 인사를 하게 될 겁니다.

햇볕을 싫어하는 식물은 없다!

한때 전자파를 막아준다고 해서 너도나도 선인장을 키웠지요. 그러나 그 많은 선인장이 TV나 컴퓨터 주변에서 결국 죽고 말았답니다. 선인장은 햇빛이 뜨겁고 건조한 사막이 고향이라 일조량이 부족하면 잘 살 수 없는 녀석이에요. 우리 집에서 선인장과 다육식물은 언제나 가장 밝은 곳, 유리창 가까이에 두고 키운답니다. 하루 종일 햇빛이 잘 드는 곳이니까요.

원예 관련 책이나 인터넷을 보면 현관이나 화장실에서 키우기 좋은 식물도 소개되어 있지요. 현관도 현관 나름이고 화장실도 화장실 나름입니다마는, 일반 아파트를 기준으로 볼 때 현관과 화장실에 햇빛이 들어오는 집은 별로 못 봤어요. 모두 억지로 끼워 맞추는 식의 얘기입니다. 하루 종일 그런 곳에 두었다가는 식물이 살아 있다고 해도 제대로 사는 게 아니에요. 웃자라고 가늘어지고 수형이 미워지는 등 겨우겨우 연명하는 것이지요.

물론, 방법은 있습니다. 화장실과 현관에 오랜 시간 동안 밝은 전등을 켜두거나(예를 들어 하루 종일 밝은 대형 마트의 실내등 아래에서 살아가는 식물들처럼요), 하루에 적어도 3~4시간 정도 햇볕을 받는 곳에 화초를 두었다가 나머지 시간 동안 현관과 화장실에 옮겨놓으면 됩니다. 하지만 누가 그런 귀찮은 일을 매일 할 수 있을까요? 저같이 화초에 아주 환장한 사람이 아니라면 말이에요.

진정으로 식물을 잘 키워보고 싶다면, 가장 기본적인 정보는 알고 있어야 해요. 어떻게 키우면 되는지 여기저기서 정보를 얻으세요. 이왕이면 저처럼 실제 키워본 경험이 있는 사람에게 물어보는 게 좋아요.

자, 그렇다면 이제 어떤 식물을 어디에 놓고 키워야 할지 말씀드려야겠네요. 오랜 시간 동안 화초와 함께 살아오면서 터득한 순도 100%의 경험을 토대로 말씀드립니다. 모두 제가 직접 키워본 식물이랍니다.

다육식물

아칼리파

아프리칸바이올렛

애플사이다제라늄

블랙클로버

골드크레스트

러브체인

펠라르고늄랜디

직사광선에서 키우면 좋은 식물

골드크레스트(유통명 '율마') | 국화 | 꽃기린 | 남천 | 다육식물 | 란타나 | 마거리트 | 물아카시아 | 백묘국 | 버베나 | 베고니아 | 부겐빌레아 | 블랙클로버 | 서피니아 | 선인장 | 소철 | 수국 | 수련 | 아라우카리아 | 아잘레아 | 아칼리파(유통명 '여우꼬리') | 알로에 | 어리연꽃 | 연꽃 | 유카 | 장미 | 제라늄 | 지면패랭이꽃(유통명 '꽃잔디') | 철쭉 | 카네이션 | 콜레우스 | 크로톤 | 팬지 | 허브 종류(라벤더, 로즈메리 등) | 황금측백 등

양지(A)에서 키우면 좋은 식물

고무나무 종류(인도, 판다, 대만, 벤자민 등) | 관음죽 | 구즈마니아 | 글록시니아 | 달개비 | 달러위드(유통명 '워터코인') | 드라세나 종류(마지나타, 레몬라임 등) | 러브체인 | 물방울풀(유통명 '천사의 눈물') | 물상추 | 브레이니아 | 사랑초 | 산세비에리아 | 산호수 | 셰플레라 무늬종(유통명 '홍콩야자') | 식충식물 종류(벌레잡이제비꽃, 네펜데스 등) | 아글라오네마 | 아이비(무늬종) | 아펠란드라 | 알로카시아 종류 | 알뿌리식물 종류(수선화, 히아신스, 무스카리 등) | 애플사이다제라늄 | 앤슈리엄 | 야자 종류(테이블, 아레카, 켄티아 등) | 양골담초(유통명 '애니시다') | 재스민 | 칼라테아 | 칼랑코에 | 캄파눌라 | 파키라 | 페페로미아 | 펠라르고늄랜디 | 풍로초 | 피토니아 | 필레아 | 호야 등

제라늄

직사광선은 양지로 대체해요

양지는 거의 모든 실내 식물을 키우기에 이상적인 장소랍니다. '직사광선에서 키우면 좋은 식물'을 실내에서 키우고 싶다면 무조건 이곳에 놓아두어야 합니다. 또 잎에 무늬가 있는 식물도 이곳에서 키우세요. 빛이 약하면 잎 무늬가 흐려지고 아예 없어지기도 해요. 진하고 화려한 색의 꽃이 피는 식물도 꼭 이곳에서 키우세요. 빛이 약하면 꽃이 잘 피지 않고 색깔도 희미해져요.

보스턴줄고사리

아디안툼

산세비에리아

산호수

시클라멘

스파티필룸

접란

파키라

반음지(B)에서 잘 자라는 식물

개운죽 | 넉줄고사리 | 네프롤레피스(보스턴줄고사리, 더피) | 디펜바키아 종류(마리안느, 카밀레, 안나 등) | 몬스테라 | 셀라기넬라 | 슈거바인 | 스킨답서스 | 스파티필룸 | 시클라멘 | 신홀리페페로미아 | 싱고늄 | 아디안툼 | 아스파라거스 | 아스플레니움 | 아이비 | 아프리칸바이올렛 | 접란 | 폴리스키아스(유통명 '폴리샤스') | 프테리스 | 필로덴드론 셀로움(유통명 '셀렘') | 행운목 등

음지(C)에서도 잘 자라는 식물

개운죽 | 고무나무 종류(인도, 판다, 대만, 벤자민 등) | 관음죽 | 넉줄고사리 | 네프롤레피스(보스턴줄고사리, 더피) | 드라세나 마지나타 | 디펜바키아 종류(마리안느, 카밀레, 안나 등) | 산호수 | 셰플레라(유통명 '홍콩야자') | 스킨답서스 | 스파티필룸 | 신홀리페페로미아 | 싱고늄 | 야자 종류(아레카, 테이블 등) | 접란 | 파키라 | 행운목 등

신홀리페페로미아

TIP!

대부분의 식물이 잘 자라려면 양지가 최적의 장소이긴 하지만 많은 실내식물이 반음지에서도 잘 자라는 편이에요.

TIP!

음지는 분명 식물을 키우기에 좋은 장소는 아니지만, 그래도 이곳에서 밉지는 않게 자랄 수 있는 식물들이랍니다. 이들에게 최적의 장소는 양지 또는 반음지이지만, 적응력이 강해 음지에서도 살아갈 수 있어요. 난방을 하는 계절에는 이곳이 건조하기 때문에 습도에 민감한 식물은 키우기 적당하지 않답니다.

·04· 올바른 물 주기

당신, 혹시 이렇게 물을 주지는 않았나요?

양치질하다가 남은 물 찔끔, 물 마시다 남은 물 찔끔, 여기저기서 조금씩 남은 물 졸졸졸…. 이런 식으로 물을 주면 화초는 죽어요. 적은 양의 물을 찔끔찔끔 주면 화분의 겉흙만 젖을 뿐, 안쪽 흙은 마른 상태이기 때문에 뿌리까지 수분이 공급되지 않죠. 겉흙이 젖은 것만 보고 물을 주었다고 생각하는 것이지요. 급하게 반성하는 당신, 올바른 물 주기 방법을 익혀두세요.

이 녀석은 이틀에 한 번 줘라, 저 녀석은 3~4일에 한 번 줘라, 또 어떤 녀석은 건조해도 잘 사니까 일주일에 한 번 줘라…. 여기저기서 화초 물 주는 방법에 대한 정보를 찾다 보면 대략 이렇게 나와 있지요. 하지만, 다 틀린 말이에요! 화초는 '며칠에 한 번씩' 물을 주어서는 절대 안 됩니다. 기간이 어찌 되었든 화분의 흙이 말랐을 때 주는 거예요. 계절마다 온도가 다르고, 환경에 따라 햇빛과 바람이 들어오는 양도 다른데 어떻게 세상의 모든 화분에 담긴 흙이 똑같은 속도로 마르겠어요?

실내 화초 키우는 기본 요령인 올바른 물 주기 방법, 즉 '화분의 겉흙이 말랐을 때 한 번에 흠뻑 주라'는 말에 대해 이야기해드릴게요.

겉흙이 말랐을 때 한 번에 흠뻑!

지금부터 제가 하는 이야기는 첫째, 실내에서 키우는 관엽식물이 주 대상입니다. 둘째, 화분의 흙은 실내 식물을 키우기에 가장 적합한 상토, 배양토, 분갈이용 흙 등을 기준으로 한 것입니다. 단, 100% 마사토나 피트모스 Peat Moss가 많이 섞인 흙, 진흙 성분이 많이 함유된 흙은 제외합니다. 셋째, 순도 99.9% 저만의 경험을 토대로 하였습니다. 넷째, 사진만 보지 말고 내용을 끝까지 읽어보세요. 사진으로 표현하지 못한 부분은 글로 썼답니다.

그럼 우선 겉흙이 말랐을 때를 눈으로 구별해보지요.

① '겉흙이 말랐을 때'를 눈으로 구별하기

젖은 흙 축축해 보이고 색깔이 진해요.

마른 흙 뽀송뽀송해 보이고 색깔이 연해요.

흙이 말라가는 과정을 보실까요?

물을 준 직후예요. 흙에 물기가 있어 촉촉해 보입니다.

시간이 지나면서 물기가 사라지지요. 흙이 마르기 시작하는 거예요. 하지만 흙 속에는 물기가 많이 남아 있답니다.

군데군데 하얗게 마른 부분이 나타납니다. 속흙도 마르기 시작합니다.

육안으로 봤을 때 화분의 겉흙이 모두 말랐습니다. 젖었을 때와 비교하면 색깔이 훨씬 밝습니다.

'아하, 그러면 육안으로 봤을 때 흙이 말랐으면 그때 물을 주면 되는구나.'
아뇨, 그럴 수도 있고 아닐 수도 있어요.
무슨 소리냐고요? 육안으로 봤을 때 겉흙이 말라 보인다 해도 실제로는 두 가지 상황일 수 있으니까요. 첫째, 겉흙도 마르고 속흙도 말랐을 경우. 이때 물을 주는 건 괜찮습니다. 둘째, 겉흙이 말라 보여도 속흙은 젖어 있을 경우. 이때는 물을 주면 안 됩니다. 뿌리가 계속 젖으면 물러서 썩어버리니까요. 그럼 화초는 시들거리다가 죽습니다.
'그럼 대체 어쩌라는 거야?' 확실한 방법은 손으로 만져보는 겁니다.

② '속흙이 말랐을 때'를 손으로 구별하기(가장 이상적인 방법)

젖은 흙

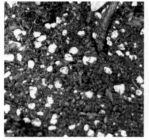

젖은 흙일 경우

손을 흙 속에 넣어 만져보면

축축한 느낌과 함께

흙을 털어내도 흙가루가 손가락에 들러붙어 있어요.

마른 흙

마른 흙의 경우

손을 흙 속에 넣어 만져보면

뽀송뽀송한 느낌과 함께

흙을 털어내면 흙가루가 손에 거의 남지 않아요. 이때 물을 주세요.

이처럼 화분의 속흙까지 마른 것을 확인한 후 물을 주면 됩니다.(관엽식물은 대부분 이런 식으로 물을 주면 되는데, 조금 예외인 식물도 있어요. 24쪽 설명 중 7번을 꼭 읽어보세요.) 손 끝에 흙 묻는 것이 꺼려지는 분은 나무젓가락을 사용하세요.

TIP!

손끝으로 살짝 겉흙만 건드리는 게 아니라 **손가락 두 마디 정도 흙 속에 넣어 만져봐야 해요.** 어떤 책에는 화분 속 1cm 깊이의 흙이라든가, 2~3cm 정도 깊이의 흙을 만져보라고 나와 있는데, 항상 자를 들고 다닐 수는 없죠. 그냥 이대로만 하면 된답니다.

③ '속흙이 말랐을 때'를 나무젓가락으로 구별하기

젖은 흙

젖은 흙에 나무젓가락을 깊숙이 넣었다 꺼내서 보면

흙가루가 나무젓가락에 많이 붙어 있어요. 또 나무젓가락이 물을 흡수해서 젖은 느낌이 있답니다.

마른 흙

마른 흙에 나무젓가락을 깊숙이 넣었다 꺼내서 보면

흙가루가 거의 떨어져나간답니다. 나무젓가락을 만져봐도 축축한 느낌이 없지요. 이때 물을 주면 돼요.

"좋아! 이제야 감이 오는군. 화분의 속흙까지 말랐을 때 물을 주라, 이거지?"
아니, 잠깐만요. 단어 두 개가 빠졌어요. '화분의 속흙까지 말랐을 때 물을 주라'가 아니라 '화분의 속흙까지 말랐을 때 한 번에 흠뻑 주라'입니다. 이 말은, 화분에 물을 줄 때는 아래 물구멍으로 물이 조금 흘러나올 때까지 천천히, 흠뻑 흘려주라는 거예요. 구멍이 여러 개 있는 물뿌리개로 물을 주면 화분의 흙이 파이지 않고 물이 골고루 잘 스며들어요. 하지만 물이 화분 밖으로 넘쳐흐르도록 많이 주면, 흙 속의 영양분이 물과 함께 빠져 나오니까 조심해야 해요. 화초에 제대로 물 주기, 이제는 정말 잘할 수 있겠지요?

TIP!

나무젓가락의 1/4 정도를 흙 속에 꽂아놓고 천천히 1부터 20까지 센 다음 빼내세요. 20초 정도 기다리는 이유는 흙 속 수분이 흡수되는 시간을 감안한 것이랍니다. 꽂자마자 빼면 정확히 알 수 없어요.

화초에 물 줄 때 조심할 점, 꼭 읽어보세요!

❶ **잎이 말랐다고 무조건 물을 주면 안 돼요.** 잎이 마르는 이유는 물을 주지 않아서 그럴 수도 있지만, 반대로 물을 너무 자주 줘서 흙이 항상 젖어 있어도 그런 증상이 나타난답니다. 식물의 잎이 힘없이 처지거나 말랐다면 흙부터 살펴보세요. 꼭! 흙이 말랐을 때 물을 주는 거예요.

❷ **화분의 흙 위에 옥돌이나 이끼, 장식 돌을 두기도 하지요?** 저는 솔직히 고수가 아니라면 다 걷어내라고 말하고 싶습니다. 그런 돌은 보기에는 좋지만 흙 상태를 체크하는 데 방해만 되거든요. 장식 돌을 그냥 놔두고 흙을 체크할 수 없냐고 물으신다면, 나무젓가락을 이용하는 방법을 권해드려요.

❸ **여름철에는 이른 아침이나 늦은 저녁에 물을 주세요.** 한낮에 물을 주면 화분 속 온도가 더 올라가서 뿌리가 힘듭니다. 이른 아침이나 늦은 저녁에 물을 주면 낮 동안 높이 올라가는 온도에 서서히 적응할 수 있는 힘이 생겨요.

❹ **겨울철에는 여름과 반대로 물을 줘야 해요.** 즉 해가 있을 때 주세요. 이왕이면 오전 10시에서 오후 2시 사이가 좋아요. 추운 베란다에 화분을 두었을 경우 새벽이나 밤에 물을 주면 기온이 내려가서 가느다란 뿌리들이 상하거나 얼어버릴 수도 있답니다. 또 금방 받은 차가운 수돗물은 주지 마세요. 가장 좋은 물의 온도는 실온입니다. 하루 전쯤 받아놓은 물, 아니면 미지근한 물을 섞어 찬 기운이 없는 물을 주세요.

❺ **대형 화분은 손가락 한두 마디 깊이가 아니라 적어도 흙 높이의 1/5에 해당하는 깊이의 흙을 만져보아야 합니다.** 손으로 파보기엔 어려우니까 나무젓가락을 이용하세요. 나무젓가락 전체 길이의 반 이상 찔러보아 습기가 느껴지지 않을 때 물을 주세요.

❻ **화초를 오래 키우다 보면 어떤 녀석에게 며칠 간격으로 물을 주어야 하는지 경험으로 기억해두고 물 주기가 쉽지요.** 하지만 1년 내내 그 간격이 같은 것은 아니랍니다. 햇빛이 강하고 건조한 봄과 가을엔 흙이 더 빨리 마르고, 장마가 있는 여름이나 식물이 느리게 성장하는 겨울엔 흙이 비교적 늦게 마르니까 염두에 두세요.

❼ **'물을 좋아하는 식물'과 '물을 싫어하는 식물'이라는 표현을 자주 접하죠?** 일반적으로 화초에 필요한 물이라 하면 두 가지를 말하는데, 하나는 공기 중의 '공중 습도'이고 또 하나는 흙 속에 포함된 '토양 습도'예요. 관엽식물 대부분이 공중 습도가 높은 것을 좋아하지만, 토양 습도의 경우엔 좋아하는 정도가 조금씩 달라요.
직접 경험해서 터득한 결론을 말씀드리면, '물을 좋아하는 식물'이란 토양 습도, 즉 흙이 항상 축축한 것을 좋아한다는 뜻이 아니라 건조한 상태를 잘 견디지 못한다는 뜻이에요. 물렌베키아(유통명 '트리안'), 아디안툼, 네프롤레피스 등이 여기에 속하는데 이 녀석들은 속흙이 좀 촉촉하다 하더라도 겉흙이 말랐다 싶으면 얼른 물을 주세요. '물을 싫어하는 식물'이란 흙이 건조한 상태를 오랫동안 잘 견딘다는 뜻이에요. 아이비, 아프리칸바이올렛, 제라늄, 호야, 페페로미아 등이 여기에 속하는데 속흙이 모두 말랐을 때 물을 주는 게 좋아요.

❽ **오랫동안 분갈이를 하지 않았거나 고운 흙을 쓴 화분의 경우에는 시간이 지나면서 흙이 딱딱하게 굳어버려요.** 이때는 물을 주어도 겉만 젖을 뿐 속흙은 그냥 말라 있는 경우가 있어요. 젓가락이나 포크같이 날카로운 것으로 흙을 푹푹 찌른 다음 물을 주면 된답니다.

❾ **식물은 잎이 깨끗할수록 호흡도 잘하고 공기 정화 능력도 뛰어나답니다.** 물을 줄 때 가끔씩 전체적으로 샤워를 시켜주면 훨씬 더 예쁘고 건강해져요.

원예
상식

꽃집 주인들의 거짓말
BEST 5

1. "물만 주면 아무 데서나 잘 커요"

거짓말이에요. 모든 식물에겐 광합성을 위해 빛이 필요하답니다. 또 각각의 식물마다 원하는 빛의 밝기가 다르답니다. '아무 데서나'라니…. 아주 밝은 빛을 받아야만 잘 자라는 식물을 어두운 욕실이나 현관에 두면 어떻게 되겠어요?

2. "내 말대로만 하면 돼요"

꽃집 구석구석을 유심히 살펴본 적 있으세요? 상태가 안 좋은 식물들을 눈에 잘 띄지 않는 곳에 내버려둔 모습을 종종 볼 수 있어요. 의외로 일반 가정집보다 꽃집에서 죽어나가는 식물이 엄청 많답니다. 꽃집 주인이 식물 키우는 방법을 제대로 아는 사람이라면 이런 일이 일어날 수는 없겠죠. 기본적인 관리 요령도 모르면서 잘못된 정보를 알려주는 분이 적지 않다는 사실, 잊지 마세요.

3. "얘는 원래 이래요"

식물을 고르다가 마음에 들지 않는 부분이 있어 "이건 왜 이래요? 괜찮은 건가요?"하고 물을 때 주로 듣는 말이에요. 튼튼한 식물은 한눈에 봐도 줄기와 잎이 굵고 싱싱하며 꽃 색깔은 얼룩 없이 선명하답니다. 식물을 잘 살펴봐서 한 가지라도 마음에 들지 않는 구석이 있다면 절대 구입하지 마세요.

4. "요즘 제일 잘나가는 식물이에요"

아무것도 모르고 무작정 꽃집에 들어서는 사람에게 하는 말이랍니다. 과연 그럴까요? 물론 꽃시장에도 유행이 있긴 하지만, 재고를 없애려는 목적으로 오래된 녀석 중 하나를 권하는 것은 아닐지. 곧이곧대로 귀담아듣지 말고 찬찬히 마음에 드는 식물을 고르세요.

5. "우리 집이 제일 싸요"

다른 꽃집에도 가보셨어요? 제일 작은 포트에 담긴 같은 식물이라도 한 동네에서 1천 원씩 차이가 나는 경우도 있어요. 덩치가 큰 식물은 가격 차이가 더 많이 나지요. 발품을 조금 팔면 저렴하고도 건강한 식물을 구입할 수 있답니다.

잡지와 인터넷 정보도 무조건 믿지 마세요!

인테리어 잡지를 보면, 침이 꼴깍 넘어가도록 멋진 화초 사진을 실어놓고 관리 방법에 대해 꼭 몇 마디 덧붙이지요. 저는 솔직히, 사진만 소개했으면 좋겠어요. 덧붙인 설명이 잘못된 내용일 경우가 종종 있거든요. 인터넷에 떠돌아다니는 정보도 마찬가지고요. 화초를 잘 키우려면 직접 키워본 사람에게 물어보세요. 키우다 죽인 사람 말고 건강하고 예쁘게 잘 키운 사람에게 물어보는 게 좋지요. 그런 사람이 주위에 없다면 인터넷에서 식물 키우기 카페나 블로그를 방문해 질문해보세요. 인터넷 검색창에 '식물'을 치면 엄청나게 많은 사이트가 뜨는데, 그중 서너 군데에 가입해서 질문을 올려놓으면 금세 모범 답안을 얻을 수 있어요. 경험자들이 가르쳐주는 여러 가지 정보도 덤으로 얻을 수 있답니다.

PART 2

숨이 꼴깍 넘어가게 예쁜 실내 화초,
구경해볼까요?

저는 화초만 보면 행복해서 정신을 차릴 수 없어요.

여린 초록 잎사귀에 눈물이 날 정도로 감동하고,

새롭게 맺히는 꽃봉오리를 보며 가슴 뭉클한 용기를 얻는답니다.

하룻밤 사이 불쑥 올라온 새싹이 반가워 마음이 환해지고,

화사한 얼굴의 꽃들에게 제 마음을 홀랑 빼앗겨버립니다.

무엇이 그리 좋으냐고요?

지금부터 하나하나 그 매력을 보여드릴게요.

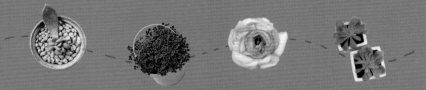

🪴 화초 키우기 초짜라면

어디서나 탈 없이 잘 자란다, 싱고늄
Syngonium

실내 식물의 대표 주자이면서도 털털한 성격이 매력적인 싱고늄.

화초를 처음 키우는 초짜에게도 어렵지 않은 초록 식물이랍니다.

빛이 덜 드는 곳에서도 탈 없이 잘 자라고 번식력도 왕성해요.

싱고늄은 흙에 심거나 수경 재배를 해도 잘 자라기 때문에 어느 곳에 두어도 항상 싱그러운 초록을 즐길 수가 있답니다. 암을 유발하는 실내 휘발성 물질, 즉 포름알데히드나 벤젠, 톨루엔, 클로로포름 등을 제거하는 능력도 뛰어나다니 대체 녀석의 단점은 뭡니까! 길쭉한 하트 모양 잎을 수놓은 연한 초록색 무늬가 아름답기까지 하지요.

싱고늄은 길게 줄기를 뻗으며 자라는 식물인데, 줄기를 자세히 들여다보면 가운데 까만 점이 쌍을 이루며 마주 보고 있지요. 그게 바로 뿌리가 나오는 자리랍니다. 그 아랫부분을 잘라 수경 재배를 해도 좋아요. 물에 담가놓기만 하면 뿌리가 길게 나오면서 잘 자란답니다. 물이 담긴 커다란 뚝배기에서 자라는 싱고늄, 여유로워 보이지 않나요?

잘 키우려면

1. 햇빛 : 반음지가 최적의 장소예요.
2. 물 주기 : 화분의 겉흙이 말랐을 때 흠뻑 주세요.
3. 번식 : 꺾꽂이나 포기나누기를 하세요.

물 주기에 자신 없다면 ❶

흙도 물도 필요 없는 **수염틸란드시아**
Tillandsia Usneoides

혹시 '에어 플랜트'라고 아시나요?

흙에 심지 않고 물도 없이 그냥 공중에서 살아가는 식물 말이에요.

우리 집에는 에어 플랜트 중 하나인 수염틸란드시아가 있답니다.

수염처럼 생겼기 때문에 붙은 이름이지요.

수염틸란드시아의 학명은 틸란드시아 우스네오이데스. 이 녀석은 보통 6~7m까지 자란다고 해요. 이 같은 에어 플랜트Air Plant는 흙에 뿌리를 내리지 않고 나무나 전깃줄 같은 데 붙어 공중의 수분만으로 살아간답니다. 너무 신기하지요? 그러니까 흙에 심은 화초에 물을 잘 못 줘서 실패하는 분들께 아주 딱이랍니다.

에어 플랜트도 알고 보면 종류가 아주 많고, 그중 하나인 틸란드시아만 해도 여러 종류가 있어요. 가격이 비싸고 플라스틱 같은 느낌에 색감까지 독특해서 별로 구미가 당기지 않던 녀석인데, 아는 분 댁에 놀러 갔다가 꽃이 핀 모습을 보고 하도 신기해서 가위로 한 가닥 잘라왔답니다. 그대로 그릇에 놓고 하루에 한 번씩 물을 분무했어요. 그랬더니 시간이 지나자 연초록의 새 줄기가 하나둘 생기면서 점점 자라 풍성해지더군요. 색깔도 훨씬 예뻐졌답니다. 바라볼수록 매력이 철철 흘러넘쳐요.

많이 자라면 나무줄기나 옷걸이 같은 데 그냥 척 걸쳐놓아 보세요. 아래로 길게 늘어지면서 자라기 때문에 높은 곳에 걸어두면 멋지답니다. 봄이 오면 예쁜 꽃도 볼 수 있겠지요? 기대 만발!

TIP!

에어 플랜트는 대부분 모양이 예쁜 유리그릇에 아무 장식 없이 그냥 넣어두기만 해도 멋져요.

잘 키우려면

1. 햇빛 : 밝은 곳일수록 좋지만 강한 직사광선은 피하세요.
2. 물 주기 : 공중의 수분으로 살아가기 때문에 분무기로 매일 물을 가볍게 뿌려줘요. 물론 하루 이틀 빼먹었다고 죽지는 않는답니다.
3. 번식 : 특별한 방법은 없고 식물체가 자라면서 몸집이 점점 커진답니다. 다른 개체를 하나 더 만들고 싶다면 줄기 중 아무 데나 잘라 다른 곳에 두고 키우면 돼요.

물 주기에 자신 없다면 ❷

동전같이 생겼네, 달러위드
Dollarweed

달러위드는 인기 있는 수생식물 중 하나랍니다.

시중에선 '워터코인Watercoin'이라는 이름으로 통해요.

동글동글 귀여운 외모, 뿌리에 물만 닿으면 별 탈 없이 자라는 무난한 성격,

하루가 다르게 화분을 점령하는 왕성한 번식력을 자랑한답니다.

아름답게 빛나는 피부를 자랑하는 민낯의 지존, 가냘픈 몸매지만 사실은 누구보다 강인한 생명력의 소유자. '꼭 동전같이 생겼네'라고 생각했다면 빙고! 이번 주인공은 수생식물인 달러위드랍니다. 꽃집에서는 흔히 워터코인이라고 칭하고, 원산지인 미국에서는 달러위드 또는 워터페니워트Water Pennywort라고 불러요.

어찌나 번식력이 좋은지 제 경우 2천 원짜리 포트 하나 사다 심었는데 석 달만에 커다란 옹기가 가득 차도록 크더군요. 계속 다른 화분에 나누고 나누어도 끝이 없답니다. 이름처럼 이게 다 진짜 동전이었으면 얼마나 좋을까요? 바글바글하다고 할까요, 부글부글하다고 할까요? (아니지, 이건 제 속이 끓을 때 나는 소리군요.) 다글다글하다가 딱이네요!

두 눈을 아주 동그랗게 뜨고 봐야 겨우 보이는 깜찍하고 예쁜 꽃도 매력적이랍니다. 다글다글한 잎이 재미있는 워터코인 키우기. 알고 보면 너무 쉽답니다. 뿌리를 깨끗이 씻어서 유리병에 수경 재배하는 방법도 있는데, 저는 흙에 심어서 수경 재배하는 방법을 소개할게요. 사실 이 방법으로 키우는 게 더 예쁘거든요.

잘 키우려면

1. 햇빛 : 밝은 볕을 쬐어야 색깔이 곱고 줄기와 잎도 튼튼해져 예쁜 모양을 유지할 수 있어요. 음지에 두지 마세요.
2. 물 주기 : 수생식물이므로 항상 물이 찰랑거리도록 수시로 보충해 주세요.
3. 번식 : 식물이 그릇에 가득 차면 더 큰 그릇으로 옮기거나 뿌리를 나누어 따로 심어 화분 개수를 늘려보세요.

달러위드 수경 재배법

달러위드 1포트, 그릇(물구멍이 없는 것), 꽃삽, 분갈이용 흙, 마사토

01>>
식물을 옮길 그릇은 원래 포트의 2배 정도 크기가 좋아요. 더 큰 것도 괜찮아요. 금세 풍성하게 자라니까요.

02>>
포트에서 달러위드를 완전히 빼냅니다. 뿌리째 그대로 그릇에 넣으세요.

03>>
손으로 흙을 꾹꾹 눌러 높이를 맞춥니다. 식물이 그릇 가운데에 위치하도록 확인하면서요.

04>>
손으로 눌러가면서 그릇의 빈 공간에 분갈이용 흙을 채웁니다.

05>>
윗부분을 마사토로 덮으면 훨씬 깔끔해 보이지요. 화분에 넉넉하게 물을 붓습니다. 완성!

06>>
항상 물이 눈에 보이도록 보충해주세요. 머지않아 풍성한 달러위드를 감상할 수 있답니다.

TIP!

이런 수경 재배 방법으로 실내에서 예쁘게 키울 수 있는 화초는 석창포, '물채송화'라고도 불리는 앵무새깃, 노랑물안개꽃 등이 있답니다.

원예상식

식물의 이상 증세와
대처 요령-1

식물이 아프다면서 왜 그런지 이유를 말해달라는 질문을 받을 때마다 정말 난감하답니다. 식물에 문제가 생기는 이유는 천차만별이니까요. 그 식물이 자라는 환경을 직접 관찰하지 않고서는 원인을 딱 꼬집어 말하기가 어렵다는 뜻입니다. 아마 식물학 박사에게 물어봐도 마찬가지 대답을 들을 거예요. 그래도 워낙 많은 분들이 궁금해하는지라, 식물에 나타나는 대표적인 문제점과 그 원인, 그리고 대처 방법을 요약해 봤어요.

1 잎이 아래로 축 처지고 시들었다	2 멀쩡해 보이는 잎이 자꾸만 떨어진다	3 잎 가장자리를 따라 갈색으로 타들어간다	4 뿌리와 줄기 아랫부분이 물컹거린다	5 아래 잎이 누렇게 변하면서 떨어진다
물을 주지 않은 경우 ➡ 물을 충분히 준다.	물을 제때 주지 않은 경우 ➡ 물을 충분히 준다.	강한 햇빛에 노출된 경우 ➡ 그늘로 옮긴다.	과습으로 뿌리가 썩은 경우, 여름과 겨울에 비료를 너무 많이 주었을 경우 ➡ 모두 돌이킬 수 있는 방법이 거의 없다. 상한 부위에서 3cm 정도 떨어진 곳을 잘라 꺾꽂이를 시도할 수는 있지만 운이 좋아야 성공한다. 단, 선인장과 다육식물의 경우에는 꺾꽂이로 성공할 확률이 높다.	과습으로 인한 경우 ➡ 썩은 뿌리를 잘라낸 뒤 새 흙에 다시 심는다.
물을 자주 준 경우 ➡ 계속 두면 죽을 수 있다. 썩은 뿌리를 잘라낸 뒤 새 흙에 다시 심는다.	영양 부족인 경우 ➡ 영양분을 공급한다.	공기가 매우 건조한 경우 ➡ 상한 부분을 잘라내고 물을 자주 분무해서 공중 습도를 높인다.		잎이 너무 무성해서 통풍이 되지 않는 경우 ➡ 포기나누기를 하거나 큰 화분에 옮겨 심어 잎과 잎 사이의 공간을 확보한다.
너무 추운 곳에 둔 경우 ➡ 서서히 따뜻한 곳으로 옮긴다.	뿌리가 화분에 꽉 찬 경우 ➡ 분갈이를 한다.	영양분이 지나치게 많은 경우 ➡ 기존에 있던 흙을 반쯤 퍼내고 새 흙을 붓거나 뿌리에 묻은 흙을 털어내고 새 흙에 다시 심는다.		

6 잎이 끈적거리고 얼룩이 생기며 반점이 나타난다	7 꽃이 피기도 전에 까맣게 말라 죽는다	8 새잎은 나오는데 아래쪽의 잎이 노랗게 변하면서 떨어진다	9 흙에서 벌레가 나온다	10 잎이 뜨거운 물에 삶아놓은 것처럼 변했다
병충해에 걸린 경우 ➡ 알맞은 약을 사용해서 제거한다(182쪽 참고). 많이 상한 잎은 잘라낸다.	물이 부족한 경우 ➡ 물을 흠뻑 준다.	잎이 늙어 떨어지는 경우 ➡ 잘라낸다.	여러 가지 원인으로 흙 속에 벌레가 생긴 경우 ➡ 흙을 모두 털어내고 새 흙에 분갈이한다.	차가운 공기에 닿아 냉해를 입은 경우 ➡ 상한 잎은 잘라내고 서서히 따뜻한 곳으로 옮긴다.
	햇빛이 부족한 경우 ➡ 햇빛이 밝게 비추는 곳으로 옮긴다.	줄기가 목질화되는 경우 ➡ 자연스러운 현상이므로 이를 즐긴다. 그게 싫다면 줄기를 잘라 꺾꽂이를 하면 되는데, 뿌리가 내리면서 새잎이 나온다.		
	흙에 영양분이 없는 경우 ➡ 액체 비료를 준다.			

사시사철 파릇파릇한 봄을 느끼고 싶다면

아이의 웃음소리 닮은 물방울풀
Angel's Tears

갑자기 따뜻해진 날씨, 너무나 맑고 투명해서 축복 같은 봄날에

베란다 유리창을 활짝 열어젖히니 아이들 웃음소리가 쏟아져 들어옵니다.

바로 그런 아이들 웃음소리 같은 화초가 있어요. 바로 물방울풀이랍니다.

팥알만 한 작은 잎사귀가 바글바글 모여 있는 모양이 까르르 웃는 꼬마들의 웃음을 닮았어요.

물방울풀의 학명은 솔레이롤리아 솔레이롤리 Soleirolia Soleirolii. 시중에선 '천사의 눈물'이라는 이름으로도 불려요. 영어 이름도 이와 비슷한 'Baby's Tears' 또는 'Angel's Tears'라고 하고요. 그러고 보니 정말 이 녀석의 잎들이 방울방울 떨어지는 눈물 같아 보이네요.

한없이 가냘퍼 보이는 작고 얇은 물방울풀의 연초록 잎은 1년 내내 봄 느낌을 전한답니다. 하지만 번식력은 어찌나 강한지, 대표적인 외유내강 식물이랄까요. 추위에도 아주 강한 편이고요.

물방울풀은 영화의 조연처럼 다른 화초의 배경으로 많이 놓이지요. 하지만 저는 이 녀석을 워낙 좋아해서 예쁜 그릇에 담아 당당한 주연으로 등장시켰어요. 이 녀석은 햇빛을 아주 좋아해서 일조량이 부족하면 줄기가 가늘어지면서 웃자라 미워져요. 물을 너무 자주 주면 잎이 노래지면서 뿌리가 물러 썩어버릴 수 있답니다. 물을 제대로 주는 방법은 화분의 겉흙이 말랐다 싶을 때 얼른 흠뻑 주는 거예요.

잘 키우려면

1. 햇빛 : 밝은 햇빛을 좋아해요.
2. 물 주기 : 화분의 겉흙이 말랐을 때 흠뻑 주세요.
3. 번식 : 뿌리를 나누어 따로 심으세요. 포기나누기인 셈인데, 물방울풀은 다른 식물들처럼 포기가 명확하지 않답니다. 잎이 워낙 작고 얇아 많이 잘릴 수도 있지만 금세 자리를 잡으니 걱정 마세요.

늘어지는 멋에 빠지고 싶다면 ❶

그린 인테리어 일등 소품, 아이비
English Ivy

여러 가지 식물 중에서도 줄기를 뻗으며 시원스레 늘어지는 것을
유난히 좋아하는 사람들이 많지요. 저도 그중 하나랍니다.
늘어지는 멋이 일품인 초록 식물을 소개해드릴게요.

이보다 더 좋은 실내 화초가 있을까요? 아이비는 가격도 착하고 키우기도 만만해 그린 인테리어 소품으로 단연 일등감이죠. 게다가 미국항공우주국NASA이 선정한 공기 정화 식물 명단에 여덟 번째로 당당히 이름을 올린 대단한 녀석이랍니다. 요 예쁜 녀석이 좋아하는 먹이는 새집증후군을 유발하는 대표적 화학물질, 포름알데히드!

집 안의 공기오염 물질 가운데 제일 무시무시하다는 포름알데히드를 냠냠 쪽쪽 빨아들인다고 하네요. 우리 집의 자랑인 이 녀석은 저와 함께 얼마나 많은 시간을 살았는지 모릅니다. 분갈이만도 열 번은 더 해준 것 같아요. 줄기가 거의 나무 같은 우리 집 아이비, 그야말로 국보감이죠?

아이비는 색상도 모양도 다양한데, 노란색 무늬가 많이 섞인 녀석은 제가 특히 예뻐하는 종류랍니다. 늘어진 모습도 제각각 개성 있지요. 줄기 하나를 잘라 물에 퐁당 넣어 수경 재배를 해도 더없이 멋집니다. 추위에도 아주 강해서 기온이 영하로 내려가지만 않으면 살 수 있지요.

한데, 이 녀석을 예뻐하면서도 잘 키우지 못하고 저세상으로 보내는 분이 의외로 많더군요. 아이비 잘 죽이는 무서운 분들, 아이비 키우는 데 실패하는 대부분의 원인은 물을 너무 자주 주기 때문이라는 것을 아시는지요. 이거 진짜 사실입니다. 제발 '며칠에 한 번'이라는 식으로 기계적으로 물을 주지 마시고, 화분의 흙이 완전히 바싹 말랐을 때 주세요. 아니면 잎이 축 처진 느낌일 때 흙을 만져보아 말랐으면 그때 물을 주세요. 그러면 실패하지 않아요. 자, 빨리 밑줄 그으세요. "아이비는 물을 너무 자주 주면 죽는다!"

잘 키우려면

1. 햇빛 : 밝은 장소를 좋아해요. 무늬가 있는 아이비의 경우 일조량이 부족하면 무늬가 흐려지면서 푸르뎅뎅해져요.
2. 물 주기 : 화분의 흙이 완전히, 완전히, 아주 완전히! 바싹 말랐을 때 흠뻑 주세요.
3. 번식 : 꺾꽂이를 하거나 기다란 줄기를 잘라 수경 재배를 하다가 뿌리가 내려오면 흙에 옮겨 심으면 돼요.

늘어지는 멋에 빠지고 싶다면 ❷

환상적인 붓 터치의 잎사귀, **페리윙클**
Periwinkle

어느 누구의 고운 손길이 이 녀석 잎사귀에 이토록 멋진 수채화를 그려놓았을까요. 정말로 환상적인 붓 터치가 느껴지지요? 이 초록 식물은 페리윙클, 또는 빈카마이너Vinca Minor라고도 합니다. 사람의 지문처럼 페리윙클 잎에 그려진 무늬도 모두 다르답니다. 무늬가 없는 페리윙클도 있어요. 그래서 무늬가 있는 페리윙클을 구분해 '무늬페리윙클' 또는 '슈퍼페리윙클'이라고 부르기도 하지요.

너무나도 아름다운 잎, 건강한 줄기가 아래로 흘러내리기 시작하면 마음속에서도 감동의 물결이…. 보고 있어도 또 보고 싶은 매력 덩어리지요. 봄엔 바람개비를 닮은 청보라색 꽃도 핀답니다. 당신의 베란다가 달콤하고 아름다워지는 방법이 있어요. 바로 페리윙클을 키우는 거예요. 늘어지는 멋을 제대로 감상하려면 선반 같은 높은 곳에 올려두고 키우세요.

잘 키우려면

1. 햇빛 : 밝은 빛을 좋아하지만 반음지에서도 잘 자라요. 집 안에서 제일 밝은 곳에 두세요. 무늬가 흐려지고 잎과 잎 사이의 줄기 간격이 넓어진다면 햇빛이 부족하다는 얘기예요. 페리윙클은 추위에도 아주 강하답니다.
2. 물 주기 : 화분의 겉흙이 말랐다 싶을 때 흠뻑 주세요. 물이 부족하면 잎이 금세 힘을 잃어요. 물론 얼른 물을 주면 다시 살아나지만요.
3. 번식 : 포기나누기가 가장 쉬워요. 봄과 가을에 아주 왕성하게 자란답니다. 그럴 때 화분 여러 개에 나누세요. 그럼 페리윙클 부자가 될 수 있어요.

늘어지는 멋에 빠지고 싶다면 ❸

귀여움이 철철 넘치는 신홀리페페로미아
Peperomia

신홀리페페로미아는 페페로미아의 한 종류로 동글동글 명랑하게 생긴 귀여운 잎들이 아래로 아래로 흘러내립니다. 화분 개수로 따지면 우리 집에서 제일 많은 것이 신홀리페페로미아예요. 1년 내내 꺾꽂이를 해서 식구를 늘리고 또 늘렸지요. 함께 사는 재미가 쏠쏠한 녀석이랍니다. 우리 집은 정남향이라 여름엔 실내에 들어오는 햇빛이 많이 부족해요. 그런 와중에도 거실 선반 여기저기에서 예쁘게 늘어진 모습으로 저를 즐겁게 해주는 기특한 신홀리페페로미아. 어찌 이 녀석을 사랑하지 않을 수 있겠어요.

잘 키우려면

1. 햇빛 : 밝은 빛을 좋아하지만 반음지에서도 잘 자란답니다. 빛이 부족하면 잎이 작아지고 색깔도 흐려져요. 그럴 땐 밝은 곳으로 옮기면 되는데, 갑자기 환경이 바뀌면 놀랄 수도 있으니 하루씩 시간을 두고 약간 밝은 곳, 좀 더 밝은 곳, 더 밝은 곳으로 옮기세요.
2. 물 주기 : 화분의 흙이 완전히 말랐을 때 흠뻑 주세요. 물을 너무 자주 주면 줄기가 뿌리에서 끊긴 채 떨어져버린답니다.
3. 흙 : 물이 잘 빠지는 흙에 심어요. 마사토와 분갈이용 흙을 1 : 2 비율로 섞은 흙이면 좋아요.
4. 번식 : 꺾꽂이나 포기나누기를 하세요.

신기한 초록 식물을 원한다면 ❶

하루 종일 눈물 흘리는 칼라
Common Calla

이 꽃을 좋아하지 않는 사람이 있을까요?

신부의 부케를 만들거나 큰 파티의 실내장식에 빠지지 않는 꽃, 칼라.

색깔과 크기에 따라 여러 가지 종류가 있지만 저는 흰색 칼라를 가장 좋아한답니다.

이 녀석의 우아한 아름다움을 무엇에 비할까요.

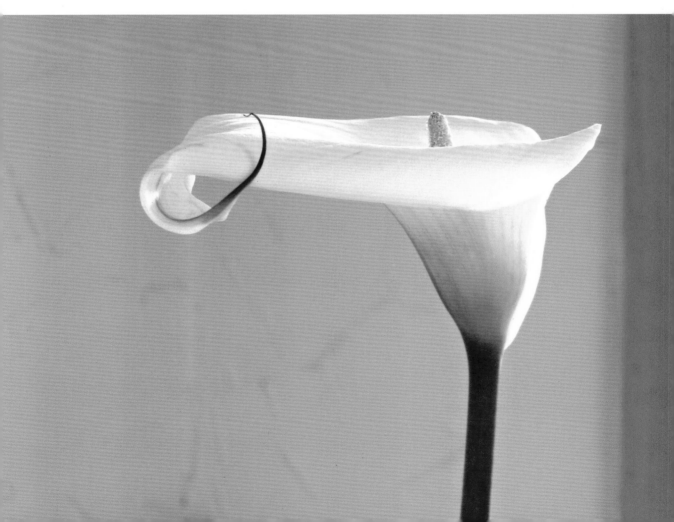

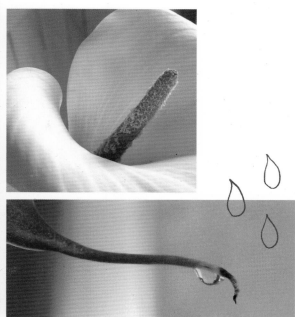

칼라는 잎 사이로 길게 줄기를 뻗어 올려 이렇게 예쁜 꽃을 피우지요. 흰색 부분은 꽃이 아니라 불염포이고 안쪽에 있는 것이 꽃차례랍니다. 생육 조건만 맞으면 1년 내내 꽃이 피는데 너무 더운 여름엔 성장이 멈추기도 하고 꽃을 보기도 조금 힘들어요.

이 녀석은 저와 비슷할 정도로 키가 굉장히 크답니다. 높이 자라니까 옆으로 쓰러지지 않도록 깊은 화분에 심으세요. 칼라는 키만 훤칠한 게 아니에요. 잎도 크고 넓적해 시원스러운 맛이 그만이지요.

그런데 말이에요. 요 녀석이 얼마나 신기한 능력을 지녔는지 아세요?

하루 종일 잎 끝에서 물이 떨어져요. 거짓말처럼 하루 종일 쉬지 않고 잎 끝에 물방울이 맺히고 계속 떨어지지요. 그래서 겨울에 실내에 두면 가습 효과를 톡톡히 볼 수 있답니다. 참, 원목 바닥이라면 물방울이 떨어져 나무 틈새가 젖을 수도 있으니 조심하셔야 해요.

잘 키우려면

1. 햇빛 : 반음지가 최적의 장소랍니다. 이 녀석은 덥고 건조한 걸 싫어해요. 추위에도 약한 편이라 겨울엔 따뜻하고 햇빛이 잘 드는 실내에 들여놓으세요.
2. 물 주기 : 화분의 겉흙이 말랐다 싶을 때 흠뻑 주세요.
3. 번식 : 원뿌리에 새끼 뿌리가 달리는데, 그걸 따로 떼어서 심으면 됩니다. 알뿌리에 독이 있어 혹시라도 먹으면 위험하답니다.

신기한 초록 식물을 원한다면 ❷

살아 있는 살충제, 벌레잡이제비꽃
Pinguicula Moranensis

이번에 소개하는 초록이는 아주 무시무시한 식충식물입니다.

벌레잡이제비꽃, 학명은 핀귀큘라 모라넨시스라고 하지요.

식충식물이라고 하면 냄새가 나거나 특이하게 생겼을 것이라는 선입견과 달리,

한번 피어나면 이렇게 사랑스러운 꽃을 한 달 이상 보여주는 예쁜 녀석이랍니다.

식충식물은 키우기 어렵다고 생각하시는 분들, 벌레잡이제비꽃이 그중 가장 키우기 쉽다는 거 아시나요?

벌레잡이제비꽃은 물과 햇빛만으로도 아주 잘 커요. 번식도 쉽게, 아주 잘되고요. 뿌리 쪽에서 새로운 포기가 끝없이 생겨나지요. 하나하나 잘 분리해서 새 화분에 심으면 금세 식구를 많이 늘릴 수 있답니다. 잎 표면을 자세히 보면 점액이 송글송글 맺혀 있지요? 손으로 만져보면 끈끈한 느낌이 드는데, 벌레가 여기에 달라붙으면 꼼짝할 수 없게 돼요. 하루살이나 날아다니는 작은 곤충 등을 냠냠 쩝쩝 잘 잡아먹는답니다. 클레오파트라가 벌레를 퇴치하기 위해 침대 곁에 두고 잤다는 식물이 바로 이 녀석이지요.

작년 5월, 단골 꽃집에 가서 공짜로 얻어온 벌레잡이제비꽃 한 포트가 지금은 열 포트 넘게 늘어났어요. 진짜냐고요? 그럼요, 진짜고말고요. 벌레잡이제비꽃 번식시키기, 같이 해볼까요?

잘 키우려면

1. 햇빛 : 밝은 햇빛을 좋아해요.
2. 물 주기 : 건조에 강한 편. 화분의 흙이 말랐다 싶을 때 물을 주는데, 저면관수법으로 하세요. 큰 그릇에 물을 담고 그 안에 화분을 담가놓는 방법이에요.
3. 흙 : 피트모스에 심는 게 가장 좋다지만, 제가 경험한 결과 어떤 흙에 심어도 잘 자라더군요.
4. 온도 : 추위에도 비교적 강한 편으로 5℃ 정도면 거뜬하게 월동한답니다. 1년 내내 꽃이 핀다고 하지만 여름철처럼 지나치게 습한 환경에서는 꽃을 보기가 힘들 수도 있어요.
5. 번식 : 포기나누기나 잎꽂이를 하세요. 잎꽂이는 건강한 잎 하나를 떼어내 흙 위에 두어 뿌리를 내리도록 하는 방법이에요.

벌레잡이제비꽃 포기나누기

화분, 꽃삽, 피트모스(또는 분갈이용 흙이나 배양토 등)

이렇게 하세요

01>>
포기나누기를 할 녀석입니다. 사진에 두 포기가 보이지요?

02>>
꽃삽을 뿌리 부분에 갖다 대고 화분에서 살살 분리합니다. 잎이 아무리 무성해 보여도 뿌리는 깊이 자라지 않는 녀석이라 금방 뽑혀요.

03>>
손으로 포기를 분리합니다. 뿌리를 나누는 거예요. 조심조심하세요.

04>>
새 화분에 피트모스를 채워요.
★ 피트모스는 전문화훼상가나 인터넷 쇼핑을 통해 쉽게 구할 수 있어요.

05>>
분리한 벌레잡이제비꽃을 심습니다. 흙 위에 뿌리를 얹는 느낌으로 하세요. 그런 다음 흙을 보충하면서 뿌리가 자리를 잡도록 손으로 살짝 눌러주면 돼요.

06>>
이제 물을 주세요. 넓은 그릇에 물을 담고 그 안에 화분을 넣어두는 저면관수법으로 하세요. 흙이 물을 충분히 흡수해서 축축해질 때까지 두세요.

TIP!

포기나누기를 하다가 잘못 건드려 잎이 떨어졌다면 버리지 말고 그냥 흙 위에 올려놓으세요. 그 잎에서 뿌리가 나오면서 또 다른 개체로 자라게 되니까요. 간혹 '영양 보충'하라고 일부러 벌레를 잡아 잎에 놓아주는 분이 있는데, 굳이 그러지 않아도 된답니다.

🪴 신기한 초록 식물을 원한다면 ❸

동물의 꼬리를 닮은 **아칼리파**
Acalypha Hispida

아칼리파를 소개할게요. 흔들흔들, 살랑살랑 탐스러운 털 뭉치가 꼬리를 쳐요. 볼에 살짝 대면 간질간질 그 여리고도 부드러운 감촉에 까르르 웃음이 터져 나오지요.

눈에 띄는 붉은 색깔과 신기한 모양의 꽃 때문에 보기만 해도 마음이 밝아지는 아칼리파. 복슬복슬한 게 정말 귀여운 동물의 꼬리같이 생겼죠? 그래서 '여우 꼬리'라고도 많이 불리지만, 정확한 우리 이름은 '붉은줄나무'랍니다. 1년 내내 이렇게 신기한 모양의 꽃이 피는 녀석이에요. 밝은 햇빛을 많이 볼수록 꽃 색깔이 더 선명해진답니다. 어때요, 맘에 쏙 드는 초록 식물이지요?

잘 키우려면

1. 햇빛 : 직사광선 또는 그에 가까운 밝은 햇볕을 쬐어주세요.
2. 물 주기 : 화분의 겉흙이 말랐을 때 한 번에 흠뻑 주세요.
3. 번식 : 꺾꽂이나 포기나누기를 하세요.

신기한 초록 식물을 원한다면 ❹

움직이는 모기장, 제라늄
Geranium

외국의 멋진 풍경을 담은 사진을 보면,

집집마다 창가를 풍성한 꽃으로 장식한 모습을 많이 볼 수 있잖아요.

외국인들이 꽃을 좋아하기 때문이기도 하지만,

실제로 이보다 더 큰 이유는 꽃을 이용한 방충망 효과를 노린 것이라고 해요.

그중에서도 어딜 가나 가장 흔하게 볼 수 있는 꽃이 바로 제라늄이랍니다.

로즈제라늄

제가 사는 춘천은 5월 하순만 되어도 낮 기온이 30℃ 가까이 오르곤 한답니다. 후유~, 땀이 뻘뻘. 게다가 벌써부터 앵앵거리는 모기는 또 어떻고요? 저녁 퇴근길 엘리베이터 안에서 모기 한두 마리를 만나 옥신각신하다가 간신히 때려눕히고 들어오곤 한답니다. 이럴 때 저는 집에 들어오자마자 서둘러 바구니 안에 제라늄 화분 몇 개를 넣어 창문마다 놓아두어요. 웬 제라늄인가 싶으시지요? 제라늄에서 나는 강한 향이 역해서 싫다는 분도 많은데, 저는 마음을 톡 쏘는 것 같은 시원한 향기처럼 느껴져서 좋아한답니다.

그런데 이 독특한 향기를 모기가 싫어한다는 사실, 아시나요?

제라늄 중에서도 효과가 가장 탁월한 녀석은, '모기를 몰아내는 식물'이라는 의미에서 구문초驅蚊草라고도 불리는 로즈제라늄이에요. 로즈제라늄은 이름에서도 알 수 있듯이 잎에서 향긋한 장미 향이 나는 녀석이죠. 이 좋은 향기를 모기들이 너무나 싫어해서 절대로 가까이 오지 못한다고 해요. 로즈제라늄뿐만 아니라 제라늄 종류 대부분 모기를 쫓는 효과가 있지요. 정말 이 정도라면 모기장이 따로 없어도 되겠죠?

가격 저렴하고, 색깔 다양하고, 병충해에도 강하고, 환경에 따라 성격 조절도 잘하고, 1년 내내 꽃을 피우는 기특한 녀석. 한마디로 말해 별 탈 없이 무럭무럭 잘 크는, 바람직한 성격의 소유자 제라늄. 그뿐만 아니랍니다. 제라늄은 번식력도 아주 좋아서 꺾꽂이라는 간단한 방법으로 식구를 많이 늘릴 수가 있답니다.

제라늄 꺾꽂이

재료

가위, 화분, 배양토(꺾꽂이용) 또는 모래흙

 + +

이렇게 하세요

01>>
너무 가는 줄기 말고 약간 목질
화된 줄기를 선택하세요.

02>>
가위로 줄기의 아랫부분을 자릅
니다.

03>>
줄기 아래에 난 잎을 두 장 정도
떼어냅니다. 잎이 너무 큰 것이
있으면 그것도 떼어내세요.

04>>
물속에 1시간가량 담가 물 올리
기를 합니다.

05>>
배양토(또는 모래흙)가 담긴 화분
을 준비해요. 줄기를 화분에 심
으세요.
★ 제라늄은 생명력이 워낙 강
해서 흙의 종류에 크게 구애받
지 않고 꺾꽂이가 잘 된답니다.

06>>
물이 화분 밑구멍으로 빠져나갈
때까지 흠뻑 줍니다. 그런 다음
햇빛과 바람이 직접 닿지 않는
곳에 두고, 화분의 흙이 마르면
물을 줍니다.

07>>
시간이 흐르면서 누런 잎이 생
기기도 하는데 떼어내면 돼요.
3개월쯤 두면 잎도 무성해지고
예쁜 꽃도 피어난답니다.

잘 키우려면

1. 햇빛 : 강한 햇빛을 좋아하지만 반음지에서도 잘 자라요.
2. 물 주기 : 흙이 건조한 걸 좋아한답니다. 화분의 흙이 모두 말랐을 때 흠뻑 주세요.
3. 번식 : 꺾꽂이를 하세요.

Bravo, my life

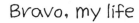

아이를 위한 가드닝 제안
사랑하는 아이를 위해 정원을 만들어주세요

아이가 무언가에 열중하다가 문득 눈을 돌렸을 때, 그 눈길을 받고 새싹이 돋아나고 꽃망울이 터지고 향기가 퍼지는 걸 느끼게 해주세요. 많고 많은 이 세상의 행복 가운데 싹트는 생명을 지켜보는 일과 바삐 움직이는 몸놀림에 감사하는 행복도 있다는 걸 꼭 알게 되길 바라면서요.

세상에서 제일 예쁜 내 딸 유민아. 이 바구니 생각나지?

엄마가 여기에다 애플사이다제라늄을 심던 날 네가 그랬잖아. "엄마, 엄마는 나보다 식물을 더 사랑해?" "응? 그게 무슨 소리야?" "왜 바구니에 하트가 붙어 있어? 나한테 붙여줘야지. 내가 화초보다 별로야?" 그러고는 꺼이꺼이 우는 너를 달래기는커녕 한참 동안 그대로 지켜보았지. 너의 엉뚱함이 너무나 사랑스러워서 말이야. 요렇게 예쁜 걸 누가 낳았을까?

엄마가 이 세상에서 제일 많이 사랑하는 건 바로 너야. 엄마의 강아지, 유민아.

네가 세 살 때였지. 너에게 만화 비디오를 보라고 해놓고 엄마는 베란다에 나가 화초 분갈이에 열중하고 있는데 어느새 네가 다가왔지. 엄마 등을 안고는 숨을 크게 들이마시면서 "엄마, 엄마한테서는 꽃 냄새가 나"라고 했잖아. 그때 엄마 가슴이 얼마나 찌르르~ 했는지 넌 모를 거야. 조막만 한 어린 꼬마가 어떻게 그런 소리를 다 했을까.

엄마가 널 위해 '유민이의 정원'이라는 화단을 만들고 있단다. 네 생일에 선물하려고 말이야. 이 화단으로 내 마음을 대신해도 될까? 너를 너무나 사랑하는 엄마의 마음 말이야.

네가 앞으로 살아가면서 부딪혀야 할 세상이 결코 녹록지만은 않을 거야. 하지만, 언젠가 엄마가 그랬지? 같은 화초라도 겨울 동안 따뜻한 거실에서 자란 것과 추운 베란다에서 자란 것은 많이 다르다고 말이야. 추운 베란다에서 겨울을 난 화초가 더 건강하고 꽃눈도 많이 생기고 훨씬 예쁜 색깔의 꽃을 피운다고.

네가 속상하고 포기하고 싶을 때 이 말을 기억해줄래? 엄마와 함께 했던 '가드닝'을 기억해줄래? 엄마도 잊지 않을 거야. 흙을 묻혀가며 조몰락거리던 너의 천사 같은 두 손을.

이 세상에 존재하는 또 다른 나의 심장…. 사랑한다, 유민아.

🪴 인테리어 잡지에 등장하는 식물을 키우고 싶다면

집안의 스타일을 살려주는 **초록 식물**
Stylish Green

이번 주인공은 일본 컨트리풍 인테리어 사진에 단골로 등장하는 초록 식물이랍니다.

잡지나 인터넷에서 자주 만나는 녀석들이지요.

포토제닉한 초록이들을 만나보실까요?

블랙클로버
Black Clover

블랙클로버는 이름처럼 정말 잎이 까맣답니다. 이 아름다운 색을 만들어주는 것은 바로 햇빛. 햇빛을 충분히 받고 잘 자란 이 녀석은 까만 벨벳 같은 고급스러움마저 풍긴답니다. 클로버치고는 네잎클로버가 유난히 많아요. 보면 볼수록 녀석의 매력에 푹 빠져버리지요.

뮬렌베키아
Muehlenbeckia Complexa

뮬렌베키아는 '국민 화초'라고 불러도 될 만큼 많은 분들이 키우지요. 어느 장소에 놓아도 잘 어울리고 드라마틱한 멋이 있어요. 삐죽삐죽 철사 같은 줄기 때문인지 영어 이름은 'Wire Plant' 또는 'Wire Vine'이라고 한답니다. 시중에선 '트리안'이란 이름으로 통해요.

잘 키우려면

1. 햇빛 : 직사광선이나 그에 가까운 강한 햇빛을 받아야 잎 빛깔이 예뻐져요. 일조량이 부족하면 검은색이 없어지고 잎이 푸르뎅뎅해진답니다.
2. 물 주기 : 화분의 겉흙이 마르면 한 번에 흠뻑 주세요.
3. 번식 : 포기나누기를 하세요.

잘 키우려면

1. 햇빛 : 한여름의 뙤약볕만 아니라면 햇빛이 드는 곳도 좋고 반음지도 괜찮아요. 실내에서만 키우는 화초로 알고 있는데 실외에서도 적당한 햇빛을 받으면 줄기가 아주 튼실해지고 예쁜 꽃도 피운답니다.
2. 물 주기 : 화분의 겉흙이 말랐다 싶을 때 흠뻑 주세요.
3. 번식 : 꺾꽂이나 포기나누기를 하세요.

필레아 글라우카
Pilea Glauca

필레아 글라우카는 올망졸망 작은 잎, 조금은 독특한 색
감을 지닌 식물입니다. 시중에선 '타라'라는 이름으로
통해요. 뮬렌베키아와 비슷하다고 하지만 실제로는 많
이 다르답니다. 화단이 있는 집이라면 화단의 흙에 심
어보세요. 천천히 퍼지면서 화단의 흙을 덮는 모습은
정말 숨이 꼴깍 넘어갈 만큼 환상적이거든요.

푸밀라
Ficus Pumila

푸밀라는 가장자리를 따라 흰색 무늬가 새겨진 작고 얇
은 잎이 특징입니다. 줄기를 뻗어 길게 자라는 모양이
담쟁이 같은 느낌이 드는 화초예요. 줄기가 길게 자라
는 이 녀석은 늘어뜨려 키우는 것도 좋지만 벽이나 나무
같은 데 붙여놓고 줄기가 벽을 타고 올라가도록 키우는
게 제 맛이지요. 저는 나중에 마당 있는 집에 살게 되면
온실을 만들고 한쪽 벽 전체를 푸밀라로 덮고 싶어요.

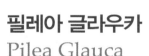

잘 키우려면

1. 햇빛 : 반음지가 좋아요.
2. 물 주기 : 화분의 흙이 모두 말랐을 때 흠뻑
   주세요. 잎이 후드득 떨어지는 이유는 수분
   이 과하기 때문이에요. 조금 건조하게 관리
   하세요.
3. 번식 : 꺾꽂이나 포기나누기를 하세요.

잘 키우려면

1. 햇빛 : 반음지에서 잘 자라요. 잎의 무늬가 사
   라지면 햇빛이 부족하다는 증거랍니다.
2. 물 주기 : 화분의 겉흙이 말랐다 싶을 때 흠
   뻑 주세요. 분무기로 잎에 물을 자주 뿌려주
   면 더욱 싱싱해진답니다.
3. 번식 : 꺾꽂이나 포기나누기를 하세요.

러브체인
String of Hearts

슈거바인
Sugarvine

러브체인은 하트 모양의 잎, 특이한 색깔과 개성 있는 모양의 꽃을 감상할 수 있는 화초예요. 영어 이름은 스트링 오브 하트String of Hearts랍니다. 수경 재배를 해도 잘 크는 초록이죠. 몇 줄기 잘라 물속에 풍당 집어넣으면 뿌리를 내리면서 예쁜 모습을 보여준답니다.

다섯 손가락 같은 잎이 덩굴을 이루며 흘러내리는 모습이 매력적인 슈거바인입니다. 학명은 파세노시서스 슈거바인Parthenocissus Sugarvine이고요. 일본 가드닝 잡지에 제일 많이 등장하는 바로 그 식물이랍니다. 그러고 보니 이름도 왠지 더 근사한 것 같지 않나요?

잘 키우려면

1. 햇빛 : 강한 직사광선만 아니라면 밝은 곳일수록 좋아요.
2. 물 주기 : 흙에서 키울 때는 화분의 흙이 완전히 말랐을 때 흠뻑 주세요. 수경 재배를 한다면 물이 증발하는 양만큼 보충해주면 됩니다.
3. 번식 : 꺾꽂이나 포기나누기를 하세요.

잘 키우려면

1. 햇빛 : 반음지가 좋아요.
2. 물 주기 : 화분의 흙이 모두 말랐을 때 흠뻑 주세요. 잎이 누렇게 변하면서 자꾸만 떨어진다고요? 물을 너무 자주 줘서 그래요. 흙을 건조하게 관리하세요.
3. 번식 : 휘묻이를 하면 100% 성공. 휘묻이는 길게 자란 줄기의 일부분을 그대로 흙에 묻어 뿌리를 내리는 것으로, 뿌리가 난 뒤에 원래의 줄기로부터 잘라내 완전한 개체를 만드는 방법이에요. 꺾꽂이, 포기나누기도 좋아요.

🌼 **아이의 EQ를 높여주는 초록 식물을 키우고 싶다면**

오감을 자극하는 **초록 식물**
Plants for Kids

아이들은 자신이 좋아하는 화분, 나만의 초록이를 만들고 싶어해요.
시각적인 것에 민감하고 호기심으로 충만해서 특이한 것을 찾는 아이들.
아이들의 오감을 자극하는 초록 친구를 만나볼까요?

미모사

개미자리

앵무새깃

하트호야

칼랑코에 투비플로라

미모사 Mimosa

"어? 하얀 곰돌이 머리카락이 초록색이네." 예쁘게 웃음 짓는 곰돌이 화분은 쓰지 않는 컵에 구멍을 내서 만든 거예요. 여기에 심은 식물은 바로 미모사. '신경초'라고도 부르지요. 살짝 만지기만 해도 잎이 오므라들면서 움직이기 때문에 신경초라는 이름이 붙었답니다.

정말인지 볼까요? 우리 딸 유민 양이 손끝으로 톡 건드렸더니, 잎들이 일제히 스르르 움직이며 날개를 접었어요. 참 신기하죠? 가만히 놔두면 금세 다시 펴진답니다.

잘 키우려면

1. 햇빛 : 밝은 햇빛을 좋아해요. 양지에 두세요.
2. 물 주기 : 화분의 겉흙이 말랐을 때 흠뻑 주세요.
3. 번식 : 꽃이 지면 열매가 생기는데 잘 익은 후에 따서 보관하세요. 다음 해 봄에 씨앗을 심으면 됩니다.

하트호야 Heart Hoya

이 녀석을 보고 아이들마다 묻는 말. "아줌마, 이거 정말 식물 맞아요?" 그럼요, 맞고말고요. 하트호야랍니다. 통통하고 커다란 잎이 이름처럼 정말 하트 모양이에요. 이 녀석을 슬그머니 아이 방에 하나 놓아주세요. "사랑해"라고 말로 하는 것보다 더 진한 감동이 밀려오지 않을까요.

TIP!

하트호야는 덩굴성 다육식물 호야케리 Hoya Kerrii와 같은 거예요. 흔히 화분째 판매하는 하트호야는 호야케리의 잎 부분만 잘라 뿌리를 내린 것으로, 새잎이나 줄기가 생기지 않고 계속 같은 모양을 유지한답니다.

잘 키우려면

1. 햇빛 : 밝은 햇빛을 좋아하지만 반음지에서도 잘 지내요.
2. 물 주기 : 건조한 흙을 좋아해요. 화분의 흙이 모두 바싹 말랐을 때 물을 주세요.
3. 번식 : 일반적으로 호야케리는 꺾꽂이를 해요. 하지만 잎만 하나 떼어 심은 하트호야는 아무리 오랜 시간이 흘러도 자라지 않고 이 상태로 있기 때문에 번식 방법은 따로 없답니다.

개미자리
Sagina Japonica

"사랑해", "넌 할 수 있어", "네가 최고야", "뽀뽀"….

아이에게 늘 해주고 싶은 말이 화분에 다 씌어 있네요. 아이가 좋아하는 옥수수 통조림을 다 먹은 뒤 구멍을 뚫어 화분을 만든 다음 행복해지는 말이 적혀 있는 스티커를 붙였어요.

여기에 심은 초록이는 바로 개미자리. 그중에서도 노란빛이 많이 도는 황금 개미자리랍니다. 이름도 재미있고 생김새도 특이해서 아이들이 좋아하지요. 이름처럼 혹시 개미들이 놀러 오는 일은 없는지 아이와 함께 살펴보세요.

칼랑코에 투비플로라
Kalanchoe Tubiflora

"우와, 이거 진짜 신기하다!"

뭐가 신기하냐고요? 칼랑코에 투비플로라는 잎 끝에 아가(클론)들을 달고 나온다니까요. 잎 끝을 잘 보세요. 바글바글 새 아가들이 태어나고 있어요. 여기에서 뿌리가 생기고 땅에 떨어져 또 하나의 어른으로 자란답니다. 누구나 신기해할 만하지요. 아이들의 자연 관찰 학습에도 도움이 될 거예요. 시중에서는 '금접'이란 이름으로 통해요.

앵무새깃
Parrot Feather

귀여운 토끼가 울타리 안에 지키고 있는 것은 뭘까요? 당근일까요? 아뇨, 앵무새깃이랍니다. 보세요. 정말 어린 새의 깃털처럼 생겼지요? 바람이 불면 부드러운 깃털이 하늘로 날아갈 것만 같답니다.

잘 키우려면
1. 햇빛 : 아주 밝은 햇빛을 좋아해요. 양지에 두세요.
2. 물 주기: 흙이 항상 축축하게 젖어 있어야 해요. 구멍이 없는 화분에 흙과 함께 심고 항상 찰랑거리게 물을 주면 돼요.
3. 번식 : 꺾꽂이나 포기나누기를 하세요.

아이에게 화분을 선물할 때는…

리본을 묶은 화분이 앙증맞죠? 밋밋한 화분이라면 집에 있는 끈으로 예쁘게 리본을 묶어 아이에게 주세요. 작은 차이지만 선물을 받은 듯한 기쁨에 아이의 입이 함지박만 해질 거예요. 간단한 방법으로 내 아이의 EQ를 높일 수 있답니다.

화분 하나로 집 안에 화사함을 들이고 싶다면

화려하고 생기 넘치는 색, 펠라르고늄랜디
Pelargonium Crispum Randy

봄! 하면 제 머릿속에 제일 먼저 떠오르는 꽃, 펠라르고늄랜디.
그냥 '랜디'라는 짧은 이름으로도 불리는 이 녀석은
귀여운 생김새와 화려하고 생동감 넘치는 색깔이 단연 최고랍니다.

우울한 생각이 들 때 펠라르고늄랜디를 바라보고 있노라면 금세 이마의 주름이 쫙 펴지고 입꼬리가 절로 올라가지요. 화분 하나만으로도 집 안이 환해지는 느낌을 원하는 분들에게 추천해드려요.

랜디를 바라볼 때마다, 저는 감동을 넘어 가슴에 어떤 통증마저 느낀답니다. 숨이 턱 막힐 만큼 너무나 아름답기 때문이지요. 이렇게 찍어보고 저렇게 찍어봐도 제 사진 실력으로는 도저히 이 녀석의 어여쁨을 절반도 담아낼 수가 없어요. 그래서 너무 속상하답니다.

하지만 이 녀석 말이에요, 제가 자기를 얼마나 많이 사랑하는지 알고 있답니다. 저 역시 이 친구가 정말 저를 사랑하고 있다는 걸 알지요. 이렇게 우리가 함께 살아온 지 벌써 다섯 해가 넘었어요. 여름을 알리는 더운 바람이 불어오면 꽃잎은 우수수 다 떨어지고 푸른 잎만 남을 거예요. "그래도 내 사랑은 변함없을 거란다, 친구야."

잘 키우려면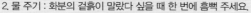

1. 햇빛 : 햇빛을 아주 좋아해요. 양지에 두고 키우세요.
2. 물 주기 : 화분의 겉흙이 말랐다 싶을 때 한 번에 흠뻑 주세요.
3. 번식 : 포기나누기, 꺾꽂이 모두 가능한데 포기나누기가 더 쉽답니다. 꺾꽂이를 할 때는 '루톤' 같은 발근제(뿌리 촉진제)를 쓰세요.

1년 내내 귀여운 꽃을 보고 싶다면

눈물 나는 작은 우주, 풍로초
Geranium Sibiricum

평소엔 잊고 지내다가도

정말 아름다운 꽃을 보면 그 사람이 생각납니다.

그 사람에게 보여주고 싶은 마음 담아서 꽃 사진을 찍습니다.

꽃 사진을 찍을 때, 그 사람을 찍는다는 마음으로 사진을 찍습니다.

그래서 난 항상 행복했습니다. ─성현우, 〈아무도 내 손을 잡아주지 않을 때〉 中

맞아요. 아무 생각 없이 꽃 사진을 찍은 적은 없는 것 같아요. 매일 봐도 꽃은, 제 눈엔 그저 기적으로만 보이죠. 그리고 또 하나의 눈물 나는 우주이고요. '풍로초야, 내가 너의 화사하고 완벽한 앞모습만 사랑하는 줄 아니? 세상사 잠시 비켜가고픈 너의 권태로움도, 나를 떠나 잠시 다른 세상을 꿈꾸는 듯한 옆얼굴도, 고단하고 측은해 보이는 뒷모습까지도 나는 널 사랑해.'

풍로초 꺾꽂이

01>>
풍로초는 뿌리가 흙 위로 불쑥 올라오는 형태로 자랍니다. 원 뿌리에서 여러 갈래의 줄기가 뻗어 나오는 모습이지요.

02>>
그중 갈색으로 목질화된 부분을 고르세요. 아랫부분을 가위로 자릅니다.

03>>
자른 줄기를 새 화분에 심으면 됩니다.

잘 키우려면

1. 햇빛 : 한여름의 뙤약볕만 피한다면 직사광선에 가까운 햇빛일수록 좋아요. 빛을 잘 받을수록 꽃 색깔이 선명해요.
2. 물 주기 : 화분의 겉흙이 말랐을 때 주세요.
3. 번식 : 꺾꽂이를 하세요. 줄기를 잘라 며칠간 물에 담가두기만 해도 금세 뿌리를 내린답니다.

꽃 화분 하나로 봄을 만끽하고 싶다면

계절만큼 찬란한 아름다움, **봄꽃**
Spring Flower

솔직히 화초를 오랫동안 관리할 자신은 없지만

봄 한철만이라도 예쁜 꽃 화분 하나 꼭 있었으면 좋겠다고 생각하는 분들이라면

지금부터 눈여겨보시기 바랍니다.

제가 직접 키워본 꽃 중에서 성격 좋고 환상적인 색깔을 자랑하는

팔방미인 꽃들을 소개할게요.

날씨 포근해, 햇빛 짱짱해, 바람도 살랑살랑.

여기저기서 예쁜 꽃들이 마구 피어나고 있어요.

저랑 같이 예쁜 꽃 화분 하나 사러 가요.

아잘레아

개양귀비

시네라리아

로단테

엘라티오르 베고니아

라눙쿨루스

수선화

수선화와 히아신스
Narcissus + Hyacinth

봄이 왔음을 가장 빨리 알리는 꽃은 아무래도 수선화와 히아신스가 아닐까요? 같은 종류라고 해도 크기와 색깔이 천차만별이랍니다. 첫눈에 반한 예쁜 녀석을 선택한다면 후회하지 않을 거예요. 꽃이 핀 알뿌리식물 하나 들이면 집 안에 밝고 싱그러운 봄기운이 가득할 거예요.

잘 키우려면

1. 햇빛 : 양지나 반음지에 두세요. 서늘한 곳일수록 꽃이 오래가고 예뻐요.
2. 물 주기 : 뿌리를 깨끗이 씻어 물에 담가 수경 재배를 해도 좋아요. 흙에 심었다면 화분의 겉흙이 말랐을 때 한 번에 흠뻑 주세요.
3. 번식 : 알뿌리 나누기를 하셔야 해요. 202쪽의 '알뿌리식물 보관법'을 참고하세요.

히아신스

엘라티오르 베고니아
Elatior Begonia

단정하고 깔끔하면서도 풍성한 꽃을 피워요. 작은 장미 여러 송이를 다발로 묶어놓은 느낌이지요. 당신 마음에 쏙 드는 색깔로 골라보세요.

시네라리아
Cineraria

시네라리아는 가슴에 하나 가득 안기는 풍성한 꽃다발을 선물 받은 느낌이랄까요? 다양하고 화려한 색깔을 자랑하며 온몸으로 봄이 왔다는 걸 알려주는 꽃이랍니다. 시네라리아 화분 하나만 들여놔도 집 안 분위기가 금세 환해져서 깜짝 놀라실 거예요.

잘 키우려면

1. 햇빛 : 강한 빛이 안 드는 밝은 곳을 좋아해요.
2. 물 주기 : 화분의 흙이 완전히 마르기를 기다렸다가 흠뻑 주세요. 물을 자주 주면 줄기가 물컹해지면서 옆으로 쓰러져버려요. 물을 줄 때는 뿌리가 물을 충분히 빨아들이도록 큰 그릇에 물을 받아놓고 화분째 담가놓으세요.
3. 번식 : 포기나누기나 꺾꽂이를 하세요.

잘 키우려면

1. 햇빛 : 밝은 햇빛을 아주 좋아해요.
2. 물 주기 : 화분의 겉흙이 말랐다 싶을 때 얼른 흠뻑 주세요.
3. 번식 : 씨를 받아두었다가 가을에 뿌려요.

쿠페아
Cuphea

쿠페아는 앙증맞은 보라색 꽃이 줄기마다 다닥다닥 붙어 있습니다. 잔잔한 들꽃 느낌이 드는 꽃을 좋아한다면 망설이지 말고 쿠페아를 선택하세요. 사계절 내내 꽃이 피고 아주 튼튼해요.

로단테
Rhodanthe

로단테는 '종이꽃'으로도 불립니다. 바스락바스락~ 실제 만져보면 꽃잎의 감촉이 정말 종이 같지요. 오스트레일리아가 원산지라고 하네요. 화분 가득 풍성하게 심어놓으면 호젓한 들녘에 산책을 나온 느낌이 들죠. 은은한 향기도 정말 좋답니다.

잘 키우려면

1. 햇빛 : 밝은 햇빛을 아주 좋아해요.
2. 물 주기 : 화분의 겉흙이 말랐을 때 흠뻑 주세요.
3. 번식 : 꺾꽂이나 포기나누기를 하세요.

잘 키우려면

1. 햇빛 : 밝은 햇빛을 아주 좋아해요.
2. 물 주기 : 화분의 겉흙이 말랐다 싶을 때 얼른 흠뻑 주세요.
3. 번식 : 씨를 받아두었다가 가을에 뿌려요.

라눙쿨루스 Ranunculus

라눙쿨루스는 커다랗고 탐스러운 꽃을 자랑합니다. 실크보다 부드러운 감촉의 꽃잎을 보고 있으면 마음까지 사르르 녹아요. 하늘거리는 봄옷을 장식하는 코르사주로 쓰고 싶을 정도로 화사하답니다. 수채화 같은 느낌의 꽃을 원하는 분에게 강력 추천합니다.

잘 키우려면

1. 햇빛 : 밝은 햇빛을 아주 좋아해요.
2. 물 주기 : 화분의 겉흙이 말랐을 때 흠뻑 주세요. 물을 너무 자주 주면 알뿌리가 썩을 수 있으니 조심하세요.
3. 온도 : 서늘한 곳에 두어야 꽃이 예뻐요. 더운 실내에 두지 마세요.
4. 번식 : 씨뿌리기와 알뿌리 나누기를 하는데, 씨뿌리기는 일반 가정에서는 거의 불가능하니 포기하세요. 대신 꽃이 지고 난 뒤 알뿌리를 캐내서 그늘진 곳에 보관했다가 가을에 심으세요. 202쪽 '알뿌리 식물 보관법'을 참고하세요.

개양귀비 Corn Poppy

'헉! 이거 마약과 관계있는 꽃 아니야?' 하며 놀라실 필요 없어요. 전혀 아니랍니다. 개양귀비는 원예용으로 인기 있는 꽃이에요. 깔끔한 라인에 고혹적인 색감, 천연 재료로 염색한 한지를 연상시키는 신비한 느낌…. 단아하면서도 커다란 꽃송이를 좋아한다면 개양귀비를 키워보세요. 포트 여러 개를 한꺼번에 모아놓으면 집 안은 어느새 모네의 그림에 나오는 개양귀비 꽃밭이 된답니다.

잘 키우려면

1. 햇빛 : 밝은 햇빛을 아주 좋아해요.
2. 물 주기 : 화분의 겉흙이 말랐을 때 흠뻑 주세요.
3. 번식 : 씨를 받아두었다가 가을에 심으면 다음 해 봄에 꽃을 피워요.

아잘레아 Azalea

서양 진달래인 아잘레아는 꽃송이가 커서 풍성한 느낌을 주는 꽃이지요. 여러 가지 색깔 중에서 특히 분홍색 아잘레아는 '캘리포니아 선셋'이라는 이름으로 불려요. 너무 진하지 않은 은은한 화사함을 풍기는 꽃을 원하는 분에게 추천합니다.

잘 키우려면

1. 햇빛 : 밝은 햇빛을 좋아해요.
2. 물 주기 : 화분의 겉흙이 말랐다 싶을 때 얼른 흠뻑 주세요. 물 주는 시기를 놓치면 금세 시들거려요.
3. 번식 : 꺾꽂이를 합니다.

화사한 꽃밭을 만들고 싶다면

올망졸망 귀여운 꽃, 아프리칸바이올렛
African Violet

조건만 맞으면 1년 내내 꽃을 피우는 사랑스러운 아프리칸바이올렛.

화분 여러 개를 한곳에 쪼르르 놓아두어도 예쁘고,

투박하고 내추럴한 토분에 하나씩 심어도 아주 멋스럽지요.

우리 함께 집 안에 멋진 바이올렛 꽃밭을 만들어볼까요?

아프리칸바이올렛은 흔히 제비꽃이라고도 하지만 우리 산과 들에 많이 피는 제비꽃과는 종류가 다르답니다. 아프리칸바이올렛은 세인트파울리아Saintpaulia속 식물로, 제비꽃Viola속과 영어 이름은 비슷하지만 분명 다른 종류지요.

이렇게 예쁘고 화사한 바이올렛이 집 안에 1년 내내 피어 있다면 얼마나 좋겠어요. 색깔도 모양도 가지가지. 꽃집에 가보면 정말로 다양한 색상과 모양의 바이올렛이 마음을 흔들어놓는답니다. 우리 집에 엄청 많은 이 바이올렛은 모두 제가 직접 번식시킨 거예요. 잎꽂이로 식구를 늘렸는데, 아주 쉽고 성공률도 높답니다. 바이올렛 번식시키기, 저와 함께 해보실래요?

🌱 **조심하세요!**

가끔 저에게 바이올렛 잎이 이상해졌다고 하는 분이 많아요. 잎 가장자리가 누렇게 되거나 잎에 반점이 생긴다고요. 봄, 여름, 가을 동안에 이런 증상이 생겼다면 햇빛이 너무 강해서 잎이 화상을 입은 것이랍니다. 반음지로 옮기세요. 겨울에 잎이 노래졌다면 너무 추운 곳에서 찬 공기가 잎에 닿아 냉해를 입은 것이고요. 이렇게 되면 예쁜 꽃을 기대하기 어렵다는 사실!

 잘 키우려면

1. 햇빛 : 강한 햇빛을 피해야 해요. 그렇다고 어두운 곳에 두면 꽃이 피지 않지요. 직사광선이 들지 않는 반음지가 제일 좋아요.
2. 물 주기 : 화분의 흙이 바싹 말랐을 때 꽃이나 잎에 물이 닿지 않도록 저면관수법으로 수분을 공급하세요. 바이올렛은 습한 흙을 싫어해요. 다소 건조하다 싶을 정도로 관리하는 게 좋습니다.
3. 온도 : 추위에 약하니까 10℃ 이상 되는 곳에 두세요.
4. 영양분 : 햇빛만 잘 받는다면 1년 내내 자라고 꽃이 피기 때문에 영양분이 많이 필요해요. 물을 줄 때 한 달에 한 번 정도 액체 비료를 아주 묽게 타서 주면 좋습니다.
5. 번식 : 잎꽂이 외에 잎을 잘라 그냥 물에 담근 상태로 오랫동안 두는 방법도 있어요. 3주 정도 지나면 뿌리가 내리는데 그때 흙에 옮겨 심으면 된답니다. 포기나누기도 좋아요.

아프리칸바이올렛 잎꽂이

재료

가위, 나무젓가락, 화분,
배양토(꺾꽂이용) 또는 모래흙

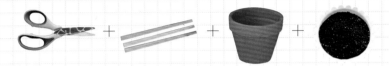

이렇게 하세요

01>>
잎이 풍성한 바이올렛 화분을 선택합니다. 너무 어리거나 오래된 잎 말고 싱싱한 잎을 골라 줄기 끝을 자르세요.

02>>
줄기 끝 부분을 사선으로 자르는 게 좋아요. 그래야 물을 흡수하는 면적이 넓어지니까요.

03>>
약 30분간 물에 담가 물 올리기를 합니다. 바이올렛은 잎 자체에 수분이 많아서 이 과정을 생략해도 큰 문제는 없어요.

04>>
흙은 꺾꽂이용 배양토나 모래가 많이 섞인 흙을 쓰는 게 좋아요. 흙에 나무젓가락으로 줄기가 들어갈 구멍을 내요.
★ 흙에 영양분이 많으면 줄기가 물컹거리면서 실패할 확률이 높답니다.

05>>
물 올리기가 끝난 잎을 구멍 속에 살살 넣어요.

06>>
화분 아래 물구멍으로 물이 조금 흘러나올 때까지 물을 흠뻑 주세요.

07>>
햇빛과 바람이 직접 닿지 않는 반음지에 두고 화분의 겉흙이 말랐을 때 물을 주세요. 너무 추운 장소에서는 새잎이 나지 않으니 밝고 따뜻한 곳이 좋답니다.

08>>
2개월쯤 뒤에 뽀글거리며 아가들이 태어나기 시작한답니다. 좀 더 크기를 기다렸다가 새 화분에 하나씩 따로 심어요.

이런 흙에 심어요

잎꽂이로 새로 태어난 아프리칸바이올렛을 옮겨 심을 때 사용하는 흙은 무엇보다도 물이 잘 빠져야 해요. 모래의 비율을 높이면 물이 잘 빠진답니다. 꽃집에 가면 마사토라는 흙이 있는데 모래를 대신할 수 있어요. 대략 분갈이용 흙과 마사토를 2:1 비율로 섞어 쓰면 적당하지요.

식물의 이상 증세와 대처 요령-2

식물에 나타나는 대표적인 문제점과 그 원인, 그리고 대처 방법을 요약해봤어요. 단, 여기에 언급한 이유 말고 다른 원인이 있을 수도 있다는 사실을 염두에 두세요.

1
잎과 잎 사이가 멀어지면서 키만 큰다

햇빛이 부족한 경우
➡ 서서히 밝은 곳으로 옮긴다.

2
잎의 뾰족한 끝 부분이 갈색으로 타들어간다

너무 건조한 곳에 둔 경우
➡ 잎 끝을 잘라내고 물을 자주 뿌리면서 공중 습도를 높인다.

추운 장소에 둔 경우
➡ 서서히 따뜻한 곳으로 옮긴다.

영양분이 너무 많은 경우
➡ 타들어가는 증세가 심하다면 흙을 모두 털어내고 새 흙에 심는다.

3
잎 전체가 누렇게 변했다

잎이 오래된 경우
➡ 시든 잎과 줄기는 잘라낸다.

화분에 뿌리가 너무 많은 경우
➡ 분갈이를 한다.

너무 강한 빛을 본 경우
➡ 그늘로 옮긴다.

4
벌레가 너무 잘 생긴다

공기가 지나치게 건조한 경우
➡ 잎을 닦고 분무기를 이용해 수시로 물을 뿌려 습도를 높인다. 증세가 심하지 않을 경우 화장솜에 알코올을 묻혀 닦아내고 심할 경우에는 알맞은 약을 사용해 제거한다.

5
갑자기 잎이 후드득거리며 떨어진다

급작스럽게 환경이 바뀐 경우
➡ 물 관리를 잘하면 다시 새 잎이 돋는다.

추운 겨울에 물을 자주 주어 과습인 경우
➡ 화분의 흙이 마르기를 기다렸다가 물을 준다.

6
잎은 무성한데 꽃이 피지 않는다

햇빛이 부족한 경우
➡ 밝은 곳으로 옮긴다.

흙에 질소 성분이 너무 많은 경우
➡ 기다리면 꽃이 피므로 큰 문제가 될 것은 없다. 비료를 줄 때는 질소보다 인산과 칼리 성분이 많이 들어 있는 것을 선택한다.

화분에 뿌리가 꽉 찬 경우
➡ 분갈이를 한다.

7
잘 자라다가 여름에 시들어버렸다

무더위 때문에 갑자기 식물의 뿌리가 썩은 경우
➡ 살아 있는 뿌리가 있다면 뿌리를 꺼내 상한 것은 잘라내고 새 흙에 심는다.

비료를 너무 많이 준 경우
➡ 흙을 모두 털어내고 새 흙에 분갈이를 한다.

물이 잘 안 빠지는 경우
➡ 마사토를 섞은 새 흙으로 분갈이를 한다.

8
뿌리가 밖으로 비어져 나왔다

화분에 뿌리가 꽉 찬 경우
➡ 분갈이를 한다.

9
줄기가 점점 가늘고 연약해진다

햇빛이 부족한 경우
➡ 서서히 밝은 곳으로 옮긴다.

영양분이 부족한 경우
➡ 새 흙으로 분갈이를 하거나 비료를 준다.

10
잎에 윤기가 없다

잎에 먼지가 많이 쌓인 경우
➡ 잎을 깨끗하게 닦는다.

뿌리가 화분에 꽉 찬 경우
➡ 분갈이를 한다.

너무 추운 곳에 둔 경우
➡ 서서히 따뜻한 곳으로 옮긴다.

한겨울에 꽃 잔치를 벌이고 싶다면

겨울의 쓸쓸함을 달래주는 시클라멘
Cyclamen

겨울에는 꽃을 보기가 힘들다고 생각하지만,

오히려 추위를 기다렸다는 듯 한겨울에 가장 아름다운 꽃을 피우는 녀석이 있답니다.

바로 시클라멘입니다. 겨울 내내 우리 집 베란다는 온통 시클라멘 천지예요.

모든 게 꽁꽁 얼어붙는 스산하고 삭막한 풍경 속에서 화사한 모습으로

겨울의 쓸쓸함을 달래주는 고마운 녀석이죠.

시클라멘은 꽃이 활짝 피기 전 모습도 너무 매력적이에요. 돌돌 말린 꽃잎이 금방이라도 바람개비로 변신할 것 같아요. 진하지는 않지만 코끝을 살짝 스치는 향기는 또 어떻고요. 시클라멘은 꽃이 한 군데에 모여서 피는데 나비 수십 마리가 내려앉은 듯한 착각을 불러일으킨답니다. 새로 태어난 아기 꽃봉오리를 보는 것도 즐겁고, 독특한 무늬를 수놓은 듯한 하트 모양 잎을 감상하는 재미도 쏠쏠하지요.

꼭 기억하세요. 시클라멘은 '겨울 꽃'이랍니다. 꽃이 가장 왕성하게 피는 시기는 11월부터 이듬해 3월까지, 5~15℃ 안팎일 때 가장 예쁜 꽃을 피워요. 서늘한 기온을 좋아하기 때문에 난방이 잘된 실내에 들여놓으면 잎이 처지면서 시들시들해져요. 해가 들면서도 시원한 베란다가 최적의 장소랍니다.

여름엔 잠을 자면서 쉬어요. 여름이 이 녀석의 휴면기지요. 잎이 거의 없는 모습으로 여름을 나기도 해요. 이때 시클라멘이 죽은 것 같아서 버리는 분이 있는데, 절대 버리지 마세요. 선선한 가을바람이 불기 시작하면 다시 생생해지니까요.

아이가 있는 집이라면 시클라멘 씨앗을 받아두었다가 심어서 자연 관찰 일기를 써보세요. 꽃이 진 자리에 씨앗이 맺히고 완전히 익어서 주머니가 터져 씨가 나오면 잘 두었다가 여름에 심어보세요. '안녕'하고 인사하는 시클라멘의 아가를 만날 수 있답니다. 새싹이 나오는 기간이 너무 길고 꽃을 보려면 겨울을 두 번은 나야 할 정도로 성장이 더디지만, 기다리는 마음을 배우고 자연의 신비로움을 느끼기엔 그야말로 안성맞춤이랍니다.

TIP!

꽃이 한창인 겨울에 씨가 생기면 영양분이 모두 씨앗으로 가서 꽃이 다소 힘을 잃어요. 그럴 땐 과감히 씨앗이 달린 줄기를 잘라버리세요. 꼭 씨앗을 받고 싶다면 휴면기에 들어가기 전인 봄에 하세요.

잘 키우려면

1. 햇빛 : 강한 햇빛이 들지 않는 반음지가 딱 좋아요.
2. 물 주기 : 화분의 겉흙이 말랐다 싶을 때 흠뻑. 물이 꽃잎에 닿지 않게 저면관수법으로 주세요. 물이 부족할 땐 줄기가 힘없이 늘어진답니다. 물을 너무 자주 주면 잎이 누렇게 변해서 미워져요. 그리고 더운 여름은 시클라멘이 쉬는 계절이에요. 그늘진 곳에 화분을 옮겨놓고 흙이 모두 아주 바싹 말랐을 때 물을 주세요. 뿌리가 물컹거리면 죽은 거랍니다.
3. 번식 : 씨를 받아두었다가 가을에 심으세요. 심은 후엔 검은색 비닐봉지를 씌워둬야 싹이 나는데, 3개월 이상 걸린답니다.

🪴 **미세먼지 제거에 도움을 주는 식물**

우리 가족 건강 지키는 **초록이**
The Best Air Purifying Plants

요즘 우리 사회의 심각한 문제 중 하나가 미세먼지이지요.

공기를 부옇게 흐리고 기분을 울적하게 하는 것은 물론, 그 크기가 마이크로 단위로 작아

호흡기와 혈관까지 침투해 면역 기능을 떨어뜨리고 질병에 쉽게 걸리도록 만드는 주범.

미세먼지 저감을 위한 여러 가지 대책이 나오고 있지만,

우리가 당장 생활 속에서 실천할 수 있는 방법을 찾아야 한다면

역시 친환경적으로 접근하는 게 좋겠지요. 식물은 잎으로 먼지를 흡착하고

유해물질을 빨아들이는데, 이때 미세먼지는 잎 뒷면의 기공으로 흡수되고

차츰 식물의 뿌리로 이동한답니다. 뿌리에 살고 있는 미생물은 이 미세먼지를

자신의 먹이로 보고 분해시키지요.

그러니 지금부터 미세먼지 제거 능력이 특출난 화초들을 우리 집에 들여 보는 건 어떨까요?

스킨답서스

박쥐란

보스턴줄고사리

파키라
Pachira

미세먼지 제거에 도움을 주는 식물 중 최고로 손꼽습니다. 푸른 잎이 시원스럽고 관리가 쉬운 화초라 이미 많은 가정에서 키우고 있지요. 건강하게 잘 자란 것일수록 잎이 크고 많아 공기 정화 효과가 높아지는 동시에 뿌리에 살고 있는 미생물의 유해 물질 제거 능력이 좋답니다. 파키라는 바라보기만 해도 마음이 안정된 상태에서 나오는 뇌파인 '알파파'를 상승시킨다는 연구 결과도 있다는 거 아시나요? 독서를 하거나 공부에 집중해야 할 때 이 녀석을 보면 더욱 효과가 있다는 말씀.

비교적 무탈하게 자라는 파키라지만, 추위에 약하기 때문에 겨울철 관리에 좀 더 신경써야 합니다. 흙은 다소 건조하게, 온도는 최소한 15℃ 이상 유지해야 한다는 점을 잊지 마세요.

 잘 키우려면

1. 햇빛 : 밝은 햇빛을 좋아하지만 약간 그늘진 곳에서도 잘 자란답니다. 너무 어두운 곳은 피하세요.
2. 물 주기 : 화분의 겉흙이 말랐을 때 한 번에 흠뻑 주세요. 줄기의 밑동이 물컹거린다면 물을 너무 자주 주어서 뿌리가 상한 거예요. 이런 경우 회복이 거의 불가능하므로 아주 조심해서 물을 주어야 해요. 대형 화분의 경우, 화분의 속흙까지 충분히 말랐는지 확인한 후 물을 주세요.
3. 번식 : 꺾꽂이를 하세요. 갈색이 도는 줄기를 잘라 물에 담가놓으면 한 달쯤 지나 뿌리가 나오는데, 이때 흙에 옮겨 심으면 돼요. 이때는 잎을 반 이상 잘라내 증산작용을 억제해야 뿌리가 더욱 잘 내립니다.

스킨답서스 Scindapsus

적응력이 강해 어떤 환경에서도 잘 자라는 대표적인 실내 식물입니다. 덩굴을 뻗어 흘러내리는 멋이 일품인 화초로, 성장이 빨라 금세 싱그러운 푸른 잎이 화분을 풍성하게 뒤덮습니다. 덕분에 어느 장소에서나 분위기를 살리는 데 단단히 한몫을 하지요. 증산작용이 활발해서 미세먼지와 유해물질 제거에도 탁월한 효과가 있답니다. 마디마다 공중 뿌리를 내리므로 뿌리 바로 아래를 잘라 수경 재배를 해도 멋스럽습니다. 여러 개로 꺾꽂이를 해서 집 안 여기저기에 배치해 보아도 좋겠네요.

잘 키우려면

1. 햇빛 : 직사광선을 피한 양지에서 반음지까지 잘 자랍니다. 잎에 무늬가 있는 종류는 햇빛이 모자랄 경우 무늬가 흐려집니다.
2. 물 주기 : 물 빠짐이 좋은 흙에 심고 화분의 흙이 말랐을 때 한 번에 흠뻑 주세요.
3. 번식 : 꺾꽂이, 휘묻이.

백량금(百兩金) Christmas Berry

아시아가 원산지인 만큼 우리나라 어디서든 손쉽게 잘 키울 수 있는 식물입니다. 진녹색 잎에 빨간 열매가 어우러져 관상 가치가 높은 백량금은 늦봄에서 여름 사이에 흰 꽃이 피고, 꽃이 진 자리에 초록색 구슬 같은 열매가 조롱조롱 매달립니다. 가을이면 이 열매가 보석처럼 빨갛게 익어 아름다운데, 그 모습을 이듬해까지 오래도록 즐길 수 있어요. 미세먼지는 물론이고 새집 증후군을 유발하는 물질 제거에도 아주 탁월한 식물이랍니다.

잘 키우려면

1. 햇빛 : 직사광선을 피한 밝은 햇빛이 가장 좋고 밝은 음지에서도 잘 자랍니다. 햇빛이 부족하면 줄기가 웃자라면서 잎이 커지고 꽃이 잘 피지 않습니다.
2. 물 주기 : 화분의 겉흙이 말랐을 때 한 번에 흠뻑 주세요.
3. 번식 : 꺾꽂이, 씨앗 심기.

박쥐란 Staghorn Fern

쭉 뻗은 잎의 생김새가 박쥐의 날개를 닮았다고 해서 붙여진 이름이지만 실제로는 고사리와 같은 양치식물입니다. 공기 중의 수분과 유기물, 미세먼지를 흡수해 살아가는 공중식물이기도 하지요. 덩어리 같은 뿌리줄기에서 2가지 종류의 잎이 나오는데, 둥근 모양의 영양잎과 좁고 길게 뻗은 생식잎이 그것이랍니다. 영양잎이 뿌리줄기를 감싸 증산활동을 억제하기 때문에 흙에 심지 않고 깔끔하게 키울 수 있어 애호가들이 많습니다. 시원하게 뻗은 생식잎 덕분에 나무판에 붙여 벽에 걸어두거나 아무 장식 없이 공중에 매달아 두기만 해도 훌륭한 인테리어 효과를 볼 수가 있답니다.

어린 영양잎

생식잎 뒷면

잘 키우려면

1. 햇빛 : 직사광선을 피한 밝은 햇빛이 가장 좋고 반음지에서도 잘 자랍니다.
2. 물 주기 : 습한 것을 좋아하는 식물로 알려졌는데 이때의 습도란 토양습도가 아닌 공중습도가 높은 것을 의미합니다. 물을 줄 때는 저면관수 방법이 좋습니다. 흙에 심은 경우, 화분의 겉흙이 말랐을 때 한 번에 흠뻑 주세요. 오래 말라 있을 때는 1시간 이상 물에 담가두세요.
3. 번식 : 포자 심기.
4. 주의 : 인테리어용으로 보기 위해 어두운 실내에만 두면 약해집니다. 녹색을 띠던 영양잎은 시간이 가면서 갈색으로 변한다는 것을 알아두세요. 생식잎에 붙어 있는 하얀 잔털은 공중의 수분을 흡수하기 위한 섬모로서 닦아내지 말고 그냥 두어야 합니다.

골드크레스트 Goldcrest

우리 집 베란다에서 가장 돋보이는 초록이는 골드크레스트랍니다. 시중에선 '율마(월마Wilma의 오기)'라는 이름으로 통해요. 제대로 된 나무 한 그루를 키우는 느낌을 만끽하고 싶다면 거기에 딱! 어울리는 녀석이랍니다.

골드크레스트는 특유의 빛깔도 아름답고 향기 또한 더없이 상쾌하지만, 가장 큰 장점은 피톤치드phytoncide를 많이 내뿜는다는 거예요. 피톤치드란 식물이 병원균이나 미생물 등에 저항하려고 발산하는 물질인데요, 삼림욕을 할 때 피톤치드를 마시면 머리가 맑아지고 몸속 살균 작용도 이루어진답니다.

게다가 딱 두 가지만 잘하면 쑥쑥 자란답니다. 밝은 햇볕 쪼이기와 제때 물주기. 이 녀석 키우기에 실패하셨다면 바로 이 두 가지를 제대로 못했기 때문이에요. 추위에도 강한 녀석이라 온도가 영하로 내려가지만 않으면 잘 산답니다.

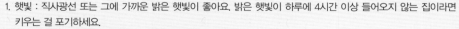

잘 키우려면

1. 햇빛 : 직사광선 또는 그에 가까운 밝은 햇빛이 좋아요. 밝은 햇빛이 하루에 4시간 이상 들어오지 않는 집이라면 키우는 걸 포기하세요.
2. 물 주기 : 화분의 겉흙이 말랐을 때 한 번에 흠뻑 주세요.
3. 번식 : 꺾꽂이를 하는데, 난도가 좀 높아요. 발근제를 쓰면 성공률 Up!

보스턴줄고사리 Boston Fern

보스턴줄고사리는 담배 연기에서 나오는 미세먼지를 없애주는 식물로도 알려져 있어요. 아니, 이렇게 이국적이고 우아하게 생긴 녀석이 포름알데히드나 담배 연기를 주식으로 즐기다니! 하지만 우리 집 실내 공기를 깨끗하게 해주니까 정말 고맙지 뭐예요. 잎이 자라면서 아치형으로 길게 늘어지므로 걸이 화분에 심어 높은 곳에 놓아두세요. 한층 멋스러워 보인답니다.

보스턴줄고사리의 학명은 네프롤레피스Nephrolepis예요. 녀석의 사촌을 하나 더 소개해드릴게요. 그 이름은 더피Duffii랍니다. 동글동글한 잎이 귀엽고 성격도 좋은 데다 가격도 '착한' 녀석이에요. 보스턴줄고사리와 마찬가지로 실내 공기를 맑게 해주는 것이 특기랍니다.

TIP!

오래되어 잎이 누렇게 된 줄기는 잘라버리세요. 금세 다른 곳에서 새 줄기가 나와요.

잘 키우려면

1. 햇빛 : 양치식물이지만 빛을 좋아해요. 반음지에 두고 키우세요.
2. 물 주기 : 화분의 겉흙이 말랐다 싶을 때 얼른 흠뻑 주세요. 화분째 물속에 풍덩 담갔다가 꺼내면 좋아요. 습도가 높은 환경을 좋아하기 때문에 생각날 때마다 잎에 물을 분무하면 베리 굿!
3. 영양분 : 1년 내내 자라는 녀석이니까 한 달에 한 번 정도 비료를 주세요.
4. 번식 : 화분에 뿌리가 꽉 차면 포기나누기로 번식시켜요.

🌸 집에서도 싱그러운 숲 향기 즐기려면 ❶

청초한 외모, 뛰어난 정화 능력의 **스파티필룸**
Spathiphyllum

우리 집이 다른 집보다 공기가 신선하고 쾌적한 이유는

바로 스파티필룸 덕분이랍니다.

꽃 모양이 우아하고 청초해서 많은 분이 좋아하시지요.

스파티필룸은 피스릴리Peace Lily라는 또 다른 예쁜 이름을 갖고 있어요.

공기 정화 식물 중에서도 효과가 탁월하고 구하기 쉬울 뿐만 아니라

값도 저렴하고 번식력도 왕성하지요.

스파티필룸은 어디에 놓으면 가장 좋을까요? 사실 실내 어디라도 상관없어요. 일조량이 부족해도 잘 자라기 때문이지요. 특히 추천할 만한 장소는 화장대나 부엌이에요. 화장품에 함유된 화학물질을 이 녀석이 후루룩후루룩 들이마신다는 거 아닙니까. 그중에서도 아세톤 성분을 제거하는 능력이 1등이라는 거, 그 유명한 미국항공우주국이 증명했다니까요. 부엌에서 요리할 때 발생하는 가스 냄새나 음식 냄새를 제거하는 능력 또한 탁월하답니다. 부엌에 하나쯤 꼭 놓아두세요. 요리가 좀 더 즐거워질지도 몰라요.

그뿐만 아니라 스파티필룸은 새집증후군이나 헌집증후군의 원인인 화학물질을 제거하는 데도 매우 효과적인 식물이지요. 스스로 신진대사를 하는 과정에서 유해 성분을 흡수, 분해해서 체내에 필요한 물질로 전환해주거든요. 실내 습도 조절 능력도 얼마나 뛰어난데요. 잎 끝에 조롱조롱 물방울을 만들어서 증산작용을 하는데, 실내가 건조하다 싶으면 당장 들여놓으세요. 습도를 높이는 데 큰 도움을 주니까요. 보실래요? 물방울 맺힌 이 모습, 결코 연출한 장면이 아닙니다. 키우는 분들이라면 다 아실 거예요.

얌전한 모양이 너무 예쁘죠? 여기에 은은한 향기까지…. 스파티필룸은 음지에서도 잘 자라기 때문에 빛이 전혀 들지 않는 곳만 아니라면 실내 어느 곳에 두어도 실패할 확률이 적답니다. 물 관리에 자신이 없다면 뿌리의 흙을 깨끗이 씻어내고 수경 재배를 해보세요. 물속에서도 아주 잘 자라니까요. 그래서 화초 재배 왕초짜에게 흔히 권하는 식물 가운데 하나예요. 병충해 걱정도 없고 1년 내내 꽃이 핀답니다.

"도대체 넌 단점이 뭐냐? 나처럼 완벽한 녀석!"

TIP!
시간이 지나면서 흰색 불염포가 초록색으로 변해요. 더 시간이 지나면 시들면서 모양이 미워집니다. 이럴 땐 가위로 줄기 끝을 잘라주세요. 다른 곳에서 꽃대가 다시 올라와요.

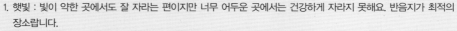

잘 키우려면
1. 햇빛 : 빛이 약한 곳에서도 잘 자라는 편이지만 너무 어두운 곳에서는 건강하게 자라지 못해요. 반음지가 최적의 장소랍니다.
2. 물 주기 : 화분의 겉흙이 말랐을 때 한 번에 흠뻑 주세요. 물을 줄 때 가끔씩 샤워기로 잎을 씻어주면 공기 정화 작용이 훨씬 더 원활해진답니다.
3. 번식 : 심할 정도로 무성하게 잘 자라요. 해마다 포기나누기로 수를 늘려보세요.

집에서도 싱그러운 숲 향기 즐기려면 ❷

싱그러운 잎과 귀여운 흰 꽃, 접란
Chlorophytum

우리 식구의 건강을 지켜주는 초록이 중 특히 숫자가 많은 것이 접란이랍니다.
새 가구와 페인트 등에 함유된 휘발성 물질을 분해하는 것으로 유명한 녀석인데요,
성격이 원만하고 번식력이 좋아 집 안 여기저기에 많이 놓아두었어요.

접란은 쭉쭉 시원시원하게 뻗어 나오는 잎이 싱그러울 뿐만 아니라 작고 가녀린 흰 꽃이 수시로 피어 즐거움을 더해주지요. 우리가 흔히 접란 또는 '나비란'이라고 부르지만 사실 난에 속하는 녀석은 아니고 백합과에 속하는 초록이에요. 학명은 클로로피텀Chlorophytum.

뿌리를 깨끗이 잘 씻어 유리병에 수경 재배를 하면 여름엔 시원해서 좋고 겨울엔 가습 효과까지. 게다가 적당한 곳에 잘 배치하면 인테리어 효과도 만점!

접란은 잎 사이로 줄기가 길게 뻗어 나와 그 끝에 새 아가를 만들어요. 줄기 여러 개가 아치형으로 길게 휘어져 아래로 흘러내리는 모습이 얼마나 근사한지 모른답니다. 줄기 끝에 달린 아가들에서 다시 뿌리가 나오는데, 그대로 잘라 물에 넣어두거나 흙에 심으면 금세 자리를 잡고 무럭무럭 자라요.

화분에 심으려면 키가 큰 데 심고, 얕은 화분에 심는다면 선반같이 높은 곳에 올려두세요. 그래야 줄기가 마음대로 뻗어 내려오니까요.

잘 키우려면

1. 햇빛 : 반음지가 가장 좋아요. 어두운 곳에 두면 무늬종인 경우 무늬가 흐려지고 잎의 광택이 사라진답니다.
2. 물 주기 : 뿌리에 수분을 많이 함유하고 있기 때문에 흙은 다소 건조하게 관리해야 해요. 화분의 흙이 거의 완전히 말랐을 때 흠뻑 주세요.
3. 번식 : 포기나누기를 하거나 줄기 끝의 어린 새순을 잘라 심으면 됩니다.

집에서도 싱그러운 숲 향기 즐기려면 ❸

이산화탄소 잡아먹는 게발선인장
Zygocactus

정말 예쁘지요? 제가 키우는 게발선인장이랍니다.

2천 원짜리 포트 하나로 시작한 것이 3년째 접어들었네요.

해마다 핑크가 가장 예뻤는데 요즘은 이 빨강 게발선인장이 제 마음을 사로잡았답니다.

강렬한 게발선인장을 바라보고 있으면 마음속에 불이 확 당겨지는 느낌이 들어요. 이 녀석은 얼굴만 예쁜 게 아니랍니다. 미국항공우주국이 지정한 '공기 정화 식물 50' 중 종합 평가에서 34위를 차지한 멋진 녀석이에요.

이렇게 훌륭한 녀석이 가격도 '착하고' 키우기도 쉬우니, 제가 어찌 예뻐하지 않을 수 있겠습니까. 더 많은 게발선인장을 보기 위해 두 팔 걷어붙이고 번식시켜볼까 합니다.

잘 키우려면

1. 햇빛 : 강한 햇빛을 좋아해요. 실내에서 키울 때는 적어도 낮에 4시간 이상 직사광선을 충분히 쬔 다음 실내에 들여놓아야 건강하게 자란답니다.
2. 물 주기 : 평소에는 화분의 흙이 모두 바싹 말랐을 때 주지요. 하지만 일단 꽃봉오리가 맺히면 겉흙이 말랐을 때 주세요. 꽃이 필 때 물이 부족하면 꽃봉오리가 쉽게 떨어진답니다. 잎이 물컹거리지 않으면서 쪼글쪼글해진다면 물이 부족하다는 증거예요.
3. 흙 : 건조하게 관리하세요.
4. 번식 : 꺾꽂이를 하세요.

게발선인장 꺾꽂이

재료

꽃삽, 화분, 망, 가위, 배양토, 마사토

이렇게 하세요

01>>
게발선인장의 줄기는 마디로 연결되어 있어요. 마디 끝에서 뿌리가 나온답니다. 가위로 자르세요.

02>>
이렇게 자릅니다.

03>>
줄기 여기저기에서 알맞은 개수만큼 잘라내 하루 정도 말립니다.

04>>
화분을 준비하고 바닥에 망을 깔아요. 마사토를 화분 높이의 1/5 정도 깝니다.

05>>
그 위에 배양토를 넉넉히 채웁니다.

06>>
뿌리가 흙 속에 다 파묻히도록 심으세요. 손가락으로 뿌리 부분을 꾹꾹 눌러 자리를 잡아줍니다.

07>>
다 심은 후 물을 흠뻑 줍니다. 3~4일 동안 강한 햇빛과 바람을 피해 잘 보살핍니다. 그런 다음 서서히 밝은 곳으로 옮기세요.

꽃이 진 후 게발선인장 관리

시든 꽃은 잘라주세요. 꽃이 진 후에 저는 화분에 고형 비료를 한두 개씩 얹어두고 물을 줄 때마다 서서히 녹도록 해서 이 녀석이 성장하는 데 필요한 영양을 공급하고 있답니다. 햇빛을 좋아하니까 밝은 곳에 두는 것도 잊지 마시고요. 그리고 꽃집에서 사왔을 때는 줄기가 하늘을 향했는데 자라면서 점점 아래로 늘어지는 것은 당연한 거예요. 늘어진 줄기의 마디를 짧게 잘라 꺾꽂이하면 다시 위로 향한답니다.

원예
상식

산세비에리아의
부활

공기 정화 식물의 대표 주자로 오랫동안 사랑받아 온 산세비에리아. 게으른 사람이 기르기 딱 좋다고 해서 그야말로 날개 돋친 듯 팔렸지요. 하지만 여기저기서 "산세비에리아가 왜 이래?"하는 비명이 들려왔습니다. "산타벨라 님, 죽어가는 산세비에리아를 살려주세요~." 산세비에리아는 잘못 관리하면 줄기 아랫부분이 물컹물컹해지면서 옆으로 픽! 쓰러져버립니다. 버리겠다고요? 잠깐만요, 살리는 방법이 있답니다.

이렇게 하세요

01 >>
병든 산세비에리아. 물컹거리는 부분과 멀쩡한 부분을 구분할 수 있겠지요?

02 >>
물컹거리는 곳에서 2~3cm 떨어진 부분을 소독한 가위로 싹둑 자르세요.

03 >>
깨끗하게 자른 것을 바람이 잘 통하는 그늘에서 4~5일가량 말리세요.

04 >>
잘 마르면 잘린 부분이 이렇게 돼요. 이걸 흙에 심으면 됩니다.

05 >>
흙은 일반 배양토를 쓰면 된답니다. 이때, 물은 주지 마세요. 약 2주일 후에 한 번 주세요.

06 >>
한 달 정도 지나면 뿌리가 내리고 곧 새잎이 올라온답니다.

TIP!

산세비에리아의 신기한 점 하나는 잎 가장자리의 노란 선(복륜)인데요. 뿌리에서 난 새잎이 아니라 이렇게 꺾꽂이한 후 돋아난 잎에는 복륜이 100% 없어진다는 사실! 그래도 공기 정화 기능에는 문제가 없으니 안심하세요.

🪴 깊은 밤, 숙면을 도와줄 초록 식물이 필요하다면 ❶

꽃보다 더 예쁜 **다육식물**
Succulent Plant

이번에는 다육식물을 소개할까 합니다.

들어본 적 있나요? 특이한 생김새 때문에 생소하다고요?

잎에 많은 수분을 저장하고 있는 식물로, 우리가 흔히 알고 있는 선인장도 다육식물에 속하지요.

햇빛만 충분히 쪼이면 크게 신경 쓸 것도 없는 데다가 번식도 무진장 잘된답니다.

그래서인지 요즘 여기저기서 '다육이 애호가'를 자처하는 분이 많지요.

흑법사

청옥

웅동자

구슬바위솔

수

벽어연

너무나도 다양하고 특이한 생김새 때문에 신기하다는 생각만으로 다육식물을 키우기 시작했는데, 시간이 갈수록 이 녀석들만이 가진 매력에 깊이 빠져버렸답니다. 아마 여러분도 이 글을 끝까지 쭉 훑어보신다면 녀석들의 모습이 얼마 동안 눈앞에 아른거릴 거예요.

다육식물이란 육질이 많은 식물이라는 뜻인데요, 사막처럼 물이 귀한 지역에서 견딜 수 있도록 몸속에 수분을 많이 저장하고 있는 식물을 말합니다. 그래서 잎이 대개 두껍고 통통해 보이는 게 특징이지요. 실제로 만져보면 정말로 말랑말랑한 게 기분 좋은 탄력이 느껴져요. 그런데 이 다육식물은 여느 식물과는 다른 큰 특징이 있답니다. 이 녀석들은 밤에 이산화탄소를 빨아들이고 산소를 내뿜는다는 거예요. 우리가 알고 있는 일반 식물의 호흡과는 낮과 밤이 정반대인 셈이지요.

즉 다육식물은 낮엔 수분을 뺏기지 않기 위해 기공을 닫은 채 꼼짝 않고 있다가 밤이 되면 기공을 열어 필요한 이산화탄소를 흡수한답니다. 그와 동시에 산소를 배출하지요. 이런 식물을 'CAM Crassulacean Acid Metabolism 식물'이라고 부르기도 해요. 이처럼 밤이 되면 이산화탄소를 흡수하고 산소를 배출해서 우리가 원활하게 호흡하도록 도와주기 때문에 숙면을 취할 수 있답니다. 잠자는 시간 동안 산소를 팍팍!

다육식물의 또 다른 특징은 같은 종류라고 해도 키우는 사람이 어떻게 형태를 잡아주느냐에 따라 전체적인 모양이 많이 달라진다는 거예요. 다육식물은 오랜 기간 자라다 보면 줄기가 목질화되면서 어느 순간 늘어지기 시작해요. 그냥 놔두어도 되지만 키우는 사람이 원하는 모양대로 수형을 다듬어줘도 좋답니다. 그러다 보면 자신만의 근사한 예술품이 탄생하는 듯한 착각에 빠지기도 하지요. 자, 다육식물의 매력 속으로 풍덩 빠져볼까요?

리톱스

이게 정말 식물 맞을까요? 악어의 눈, 혹은 그냥 돌멩이 같지 않나요? 리톱스Lithops는 처음에는 특이한 생김새 때문에 눈길을 끌지만 키우다 보면 녀석을 향한 걷잡을 수 없는 사랑에 빠지게 된답니다.

홍옥

탱글탱글, 올망졸망, 앙증맞은 생김새에 어여쁜 빛깔…. 정말 손으로 한번 만져보고 싶지요? 잘못하면 터져버릴지도 모르겠네요. 강한 햇빛을 받을수록 환상적인 색깔을 띠지요.

웅동자

귀엽기로 치면 저는 이 녀석이 최고라고 생각해요. 정말 이름처럼 잎 생김새가 아기 곰 발바닥 모양이잖아요. 엄마 곰이 깨끗하게 다듬어준 발톱도 있어요. 발을 온통 뒤덮은 솜털도 너무너무 사랑스럽지요?

벽어연

이것은 벽어연碧魚連이랍니다. 누군가 잎을 칼로 조각해놓은 것 같지 않나요? 각이 분명하게 딱 살아 있는 게 너무 신기해요.

수

일부러 뾰족한 붓 끝에 초록 물감을 묻혀 세로 줄무늬를 그려놓은 것 같죠? 가운데 보이는 건 꽃대가 올라오는 거랍니다. 그 모습이 얼마나 고아한지요.

구슬바위솔

잎이 가장 작은 다육식물은 바로 이 녀석이 아닐까 싶어요. 좁쌀만 한 구슬들이 바글거리며 다닥다닥 붙어 있지요.

흑법사

엘레강스한 외모에 넘치는 카리스마를 겸비한 흑법사. 식물계에도 블랙이 유행이라더니 꼭 너를 두고 한 말이로구나!

홍옥 잎꽂이

식물 중 번식시키기 제일 쉬운 게 바로 이 다육식물이라는 것을 아시나요?
잎꽂이 방법인데, 잘 봐두었다가 나중에 식구를 왕창 늘려보세요. 성공률 90% 이상을 자랑하니까요.
자, 잎꽂이를 할 모델은 홍옥입니다.

이렇게 하세요

01>>
건강하고 탱탱한 홍옥의 잎을 골라 손으로 떼어냅니다. 쉽게 잘 떨어져요.

02>>
흙 위에 그대로 두면 잎 끝 부분이 마르면서 뿌리가 나기 시작합니다. 그냥 가만히 두세요.

03>>
드디어 새잎이 나오기 시작하고 원래 잎은 점점 말라갑니다.

04>>
새잎은 점점 커지고, 원래 잎은 거의 다 말라버렸습니다. 그냥 가만히 두면 완전히 성숙한 홍옥이 됩니다. 이때까지 물은 단 한 번도 주지 않았답니다.

잎꽂이로 쉽게 번식시킬 수 있는 다육식물은?

프리티, 연봉, 청옥, 홍옥, 용월, 석연화, 천대전송, 정야, 성미인, 오로라, 구슬바위솔, 흑괴리, 흑법사, 까라솔, 구슬얽이, 부영, 금황성 등이 있어요. 잎꽂이가 잘 되지 않는 녀석들은 줄기를 잘라 3~4일 공중에서 말린 후 흙에 심어주는 꺾꽂이로 번식시키세요.

다육식물의 특징

❶ 다육식물은 밤에 이산화탄소를 흡수하고 산소를 다량 배출하므로 저녁에 침실에 들여놓으면 좋아요.

❷ 다육식물을 실내에만 두었을 경우 잎 형태가 흐트러지고 웃자라며 산소 배출 능력이 떨어진답니다.

❸ 다육식물은 성장 속도가 느린 편이어서 분갈이를 자주 하지 않아도 된답니다.

❹ 다육식물은 너무 작은 화분만 아니라면 1~2월에는 물을 주지 않고 겨울잠을 자면서 쉬게 해도 좋아요. 이런 경우 잎이 쪼글쪼글해지기도 하지만 봄이 되어 다시 물을 주면 잎이 탱탱해지며 자라기 시작하니 걱정 안 하셔도 돼요.

❺ 다육식물 특유의 예쁜 색깔을 보려면, 일교차가 큰 봄과 가을에 바깥에 두고 햇빛을 쬐게 하세요. 충분한 햇빛과 일교차는 다육식물의 멋진 색을 만들어주는 필수 요소랍니다.

❻ 다육식물을 처음 키울 때는 값이 싸고 흔한 것을 선택하는 것이 좋아요. 값이 싸고 흔하다는 것은 그만큼 번식도 잘하고 잘 자란다는 뜻이에요.

깊은 밤, 숙면을 도와줄 초록 식물이 필요하다면 ❷

일곱 가지 복이 들어온다, '초록빛 장미' 칠복신
Echeveria Secunda

우리 집 다육식물 중 가장 인기 있는 칠복신七福神을 소개합니다.

저는 이 녀석을 볼 때마다 '초록 장미' 같다는 생각을 해요.

정말로 이 표현이 어색하지 않지요. 정말이지 장미보다 더 예쁘지 않나요?

이 친구를 가만히 한참 동안 바라보고 있노라면 너무나 아름다워서 가슴이 뭉클하답니다.

옛날 분들은 칠복신이 집 안에 있으면 일곱 가지 복이 굴러 들어온다고 믿어서 많이 키웠다고 해요. 제 블로그 이웃 중에도 많은 분이 "어릴 적 할머니, 어머니가 키우시던 생각이 난다, 그땐 이름을 몰랐는데…"라는 말씀을 종종 하시는 걸 보면 정말 예전부터 많이 키웠던 식물인가 봅니다.

다른 다육식물에 비해 '몸값'도 '착하고', 전전긍긍하며 물 관리를 해야 하는 까다로운 녀석들에 비하면 성격도 아주 온순한 편이죠. 예쁜 꽃도 피고, 번식도 아주 잘되지요. 보세요, 신생아실이 따로 없죠? 1년 내내 줄기 끝에 아가들이 와글와글 태어난답니다. 이 모습 이대로 자라는 것을 지켜보며 즐기는 것도 좋고, 아가들을 똑, 똑, 떼어내서 다른 화분에 심으면 금세 뿌리를 내려 또 하나의 멋진 화분이 생긴답니다.

얼마 전 칠복신 아가 셋을 떼어다가 쓰지 않는 티포트에 구멍을 내고 심었더니 석 달이 지난 후, 어린애 주먹만 한 어엿한 청소년 칠복신들로 성장했지 뭐예요. 기특하고 대견스럽기 짝이 없답니다.

칠복신이 많은 우리 집, 일곱 가지 복이 데굴데굴 굴러 들어옵니다. 여러분도 이 녀석들 키우면서 복 많이 받으세요.

잘 키우려면

1. 햇빛 : 한여름의 뙤약볕만 조심한다면 강한 햇빛일수록 좋아하지요. 잎이 위를 향하지 않고 자꾸만 아래로 처진다면 햇빛이 부족한 거예요.
2. 물 주기 : 화분의 흙 전체가 아주 바싹 말랐을 때 주세요.
3. 번식 : 꺾꽂이를 하세요. 줄기를 잘라 2~3일 말린 후 그대로 심어요. 새로 태어난 아가들을 떼어내 흙에 심어도 됩니다.

장마철 다육식물
관리 요령

1

장맛비는 맞아도 됩니다. 다육식물은 흙을 아주 건조하게 관리해야 한다면서 무슨 말이냐고요? 문제는, 화분의 흙이 물이 잘 빠지는지 그렇지 않은지 여부입니다. 물이 잘 빠지는 흙이라면 하루 이틀 계속 비를 맞았다고 금방 어떻게 되는 건 아니에요. 하지만 3~4일 이상 계속 비가 내린다면 실내의 가장 밝은 곳으로 화분을 들여놓는 것이 좋답니다.

2

비가 내리지 않는 날에는 주저 없이 밖에 내놓아도 돼요. 장마철에 잠깐잠깐 비추는 햇빛은 다육식물에게는 보약과도 같지요. 하지만 장마가 끝난 후부터 9월 중순까지 오전 10시~오후 4시 사이의 아주 강한 햇빛은 피하는 게 좋아요. 자칫하면 화상을 입을 수도 있으니까요. 화상을 입는다고 식물이 죽는 건 아니지만 잎에 상처가 생겨 미워지지요.

3

장마철에는 정말 아주 조심해서 물을 줘야 해요. 공중 습도가 높은 때라서 화분의 수분 증발량이 현저히 줄어들기 때문이지요. 이때 물을 주었다가 금세 빠지지 않으면 뿌리가 썩어서 치명적인 결과를 초래하기 십상이니 주의하셔야 해요.

4

물론 적절한 때에 물을 주는 게 가장 이상적인 방법이지요. 화분 전체의 흙이 '빠지직' 소리가 날 만큼 완전히 말랐을 때 주는 거 말이에요. 하지만 다육식물 재배 초보자들은 이 시기를 잘 모를 수도 있어요.

5

다육식물 재배 초보자에게 권하고 싶은 안전하게 물 주는 방법은, 잎이 쪼글쪼글해질 때까지 기다렸다가 주라는 겁니다. 줄기나 잎이 완전히 수분을 잃어 심하게 건조해 보이는 상태 말고, 통통했던 잎이 약간 쪼글쪼글해졌다 싶을 때 물을 주라는 거예요. 잎이 쪼글쪼글해지는 건 식물이 물을 먹고 싶어 한다는 신호랍니다. 좀 모진 방법이지만 물을 많이 줘서 죽이는 것보다는 차라리 낫지요. 식물이 웃자라는 것도 어느 정도 막을 수 있고요.

6

물 주는 시간도 중요합니다. 제가 권하는 여름철(장마 기간 포함) 물 주기 좋은 시간은 해가 진 후입니다. 아침에 물을 주었는데 잎에 물방울이 남아 있을 경우, 햇빛이 쏟아지기 시작하면 물방울이 렌즈 역할을 해서 그러잖아도 강한 햇빛을 더욱 강하게 끌어 모아 잎이 타버리지요. 물방울이 잎에 묻지 않도록 조심하면서 물을 주었다 해도 낮 동안의 높은 기온과 뜨거운 햇빛이 속흙의 온도를 높이기 때문에(수분이 많을 경우 더욱 심함) 뿌리가 상할 염려가 있답니다.

Bravo, my life

한여름의 재스민차,
좋아하세요?

여름으로 접어들면서 베란다를 화려하게 수놓던 봄꽃이 하나둘 자취를 감추기 시작합니다. 그리고 드디어 기다리고 기다리던 '아라비안재스민'이 피어나기 시작했습니다. 때가 되어야 꽃이 핀다는 것을 알면서도, "빨리 피어라, 서둘러, 어서!" 하면서 목이 빠지도록 이 꽃을 기다렸지요. 해마다 되풀이되는 조바심입니다.

아라비안재스민 한 송이만 피어나도 집 안 전체에 퍼지는 황홀한 향기~. 향기도 향기지만 소박한 하얀 꽃잎은 또 어떻고요. 아라비안재스민의 아름다움에 한껏 매료되는 때가 바로 여름입니다.

더운 여름 내내 가장 친한 친구가 되어줄 아라비안재스민. 그 꽃잎으로 만든 차 한잔이 오롯이 앞에 놓여 있어요. 제가 지금 천천히 차를 음미하듯이, 제 인생 또한 스스로 여유를 만들어가는 삶이기를 간절히 바랍니다. 눈으로 어루만지고, 코로 마시고, 입으로 차를 음미하면서 조용히 제 자신과 화해하고 사랑하는 지금과 같은 시간이 많아지기를….

생명수 같은 차 한 모금이 목구멍을 타고 심장으로 달려갑니다. 혹독한 이 여름의 열기를 잘 이겨내고 풍성한 수확의 계절 앞에서 활짝 웃어보라고, 한잔의 차가 엄마의 손길 같은 용기를 전해줍니다. 아, 잘살수 있을 것 같아요!

여러분께도 마음의 차 한잔 권해드려요~.

아라비안재스민

특별한 향기를 원한다면 ❶

달콤한 장미 향이 매력, 빅스플랜트
Vicks Plant

잎 생김새가 장미를 닮아 '장미허브'라는 이름으로 더 많이 알려진 빅스플랜트.

이 녀석의 잎에서 나는 냄새를 어떤 이는 장미 향이라고 하고,

또 어떤 사람은 사과 향이라고도 해요.

장미 향이든 사과 향이든 그 향기가 아주 좋다는 뜻임에는 틀림없겠지요.

향기라면 로즈메리나 라벤더를 앞세운 허브가 여왕의 자리를 차지하지만, 사실 허브는 실내에서 키우기엔 정말 까다로운 녀석들이잖아요. 이번에 소개하는 향기의 주인공은 비교적 가격이 착하고 성격도 좋은 데다 실내에서 쉽게 기를 수 있는 초록이에요. 게다가 꽃이 아닌 잎에서 향기가 나기 때문에 아무리 향기 좋은 꽃이라도 지고 나면 그만인 녀석들과 달리, 사시사철 언제나 향기를 즐길 수 있는 것이 장점이지요.

온몸에 뒤덮인 솜털 때문에 눈으로 봤을 때 드는 느낌은 귀엽고 포근해요. 빅스플랜트는 향기가 좋아 허브 같기도 하고, 도톰한 잎 모양새나 만져본 느낌으로는 다육식물 같기도 하지요. 하지만 이 녀석은 허브도, 다육식물도 아닌 플렉트란서스*Plectranthus* 종류라고 하네요. 휴, 이름 한번 되게 어렵죠?

잘 자란 이 녀석은 복슬복슬 사랑스러운 강아지 같지요. 조금 떨어져서 보면, 솜털 때문에 윤기가 반지르르 흐르는 것이 마치 고급 패브릭 같기도 해요. 행여 다칠세라 식물에 직접 손대는 걸 너무너무 싫어하지만, 그런 저도 만져보지 않고는 도저히 배길 수가 없는 매력적인 식물이랍니다.

아무 생각 없이 빅스플랜트 옆을 지나다가 아주 잠깐 닿을락 말락 살짝 스치기만 해도 이 녀석은 눈을 동그랗게 뜰 만큼 기분 좋은 향기를 선사한답니다. 일부러 코를 바짝 들이대고 킁킁거리면서 찾는 향기보다는 어느 순간 자신도 모르게 다가오는 향기…. 저는 그런 향기와 만나는 것이 너무 좋아요.

잘 키우려면

1. 햇빛 : 직사광선에 가까운 밝은 빛이 가장 좋아요. 실내에서 기른다면 집 안 가장 밝은 곳에 두세요. 잎과 잎 사이의 간격이 넓어지면서 키만 삐죽 자란다면 틀림없이 일조량 부족이랍니다.
2. 물 주기 : 화분의 흙이 바싹 말랐을 때 흠뻑 주세요. 특히 장마철에는 흙이 풀풀 날릴 정도로 바싹 말랐을 때 주어야 해요.
3. 번식 : 꺾꽂이를 하면 너무너무 잘 자라요. 줄기를 잘라 흙에 꽂기만 하면 거의 100% 성공.

특별한 향기를 원한다면 ❷

앙증맞은 하얀 꽃과 사과 향, 애플사이다제라늄
Applecider Geranium

흔히 제라늄하면, 특유의 강한 냄새를 먼저 떠올리지만

사실은 제라늄도 종류가 엄청 많고 향기 또한 천차만별이지요.

혹시 애플사이다제라늄을 만나본 적이 있나요?

하트 모양의 잎에서 얼마나 시원하고 사랑스러운 향기가 뿜어져 나오는지 몰라요.

연중 작고 앙증맞은 하얀 꽃을 피우는 애플사이다제라늄. 가장 풍성한 꽃을 피우는 봄에는 신부의 부케로 써도 될 만큼 많은 꽃이 화사하게 피어나지요. 작은 흔들림에도 꽃잎이 우수수 떨어져 내릴 때면 빗자루로 쓸어야 할 정도랍니다. 뿜어져 나오는 향기는 이름 그대로 사과 향을 첨가한 사이다 냄새라고 하면 맞을 것 같아요.

우리 집에는 아주 멋지게 자란 애플사이다제라늄 화분이 여러 개 있어요. 저는 우리 집 베란다 정원에 이 녀석이 살지 않는다는 건 도저히 상상할 수가 없답니다. 흙 묻은 손으로 베란다를 분주히 왔다 갔다 할 때 저도 모르는 사이에 치맛자락에 슬쩍 묻어 "엄마, 조금만 쉬었다 하세요"라고 말하는 듯한 향기를 뿜어내, 바쁜 손놀림을 잠시 멈추게 만들지요.

잘 키우려면

1. 햇빛 : 밝은 빛을 좋아해요. 양지 또는 반음지에서 키우세요.
2. 물 주기 : 화분의 겉흙이 말랐을 때 흠뻑 주세요.
3. 번식 : 아주 빨리 성장하는 편이에요. 포기나누기를 하세요.

산에 가지 않고도 가을 단풍을 즐기고 싶다면

정열적인 붉은 잎, 밴쿠버제라늄
Vancouver Centennial

단풍이 절정에 이르는 가을에는 단풍놀이 많이 다녀오시죠?

저는 산이 아닌 집에서 단풍놀이를 한답니다.

비결은 밴쿠버제라늄이에요. 어때요, 진짜 단풍잎 못지않지요?

잎이 붉게 물들어 '단풍제라늄'이라고도 불리지요.

밴쿠버제라늄은 꽃이 피는 다른 식물들과 달리 꽃보다는 잎이 더욱 대접을 받는 녀석이에요. 향기는 일반 제라늄과 같고요. 가을 들어 저희 집 안으로 해가 깊숙이 들어오면서 매일 햇빛 샤워를 즐긴 후에는 그야말로 제 때깔이 나지요. 햇빛을 많이 볼수록 잎의 무늬가 붉고 선명하게 변해 아름답거든요. 1년 내내 볼 수 있는 꽃도 정열적인 빨강이랍니다. 우리 집은 남향이라 여름엔 해가 거의 들어오지 않아요. 그래서 여름철엔 이 녀석의 진짜 멋을 제대로 감상하기가 어렵지요.

밴쿠버제라늄의 잎이 붉게 물드는 건 다른 단풍처럼 기온 차이 때문이 아니라 햇빛의 영향이기 때문에 햇빛이 부족한 집에서는 붉은색을 기대할 수가 없답니다. 잎의 무늬가 거의 사라지고 녹색 잎만 보이기 때문이지요. 햇빛만 잘 쪼이면 1년 내내 붉게 물든 잎을 감상할 수 있어요. 그러니 집 안에서 가장 밝은 곳, 햇빛이 잘 드는 곳이 녀석에겐 제일 좋은 장소랍니다.

잘 키우려면

1. 햇빛 : 직사광선에 가까운 강한 햇빛일수록 좋아요.
2. 물 주기 : 제라늄 키우기에 실패하는 원인이 대부분 과다 수분 때문이라는 것을 아세요? 화분의 흙이 바싹 말랐을 때 한 번에 흠뻑 주세요.
3. 번식 : 꺾꽂이를 하세요. 성공률이 매우 높답니다.

보석처럼 빛나는 열매를 보고 싶다면

겨울에 즐기는 붉은 보석, 산호수
Ardisia Pusilla

산호수는 흔하면서도 누구나 좋아하는 화초입니다.

사계절의 변화를 어느 식물보다 잘 보여주는 녀석이지요.

특히 가을이 되면 보석 같은 붉은 열매가 눈길을 사로잡아요.

오, 예뻐라! 이 예쁜 보석들은 겨울 동안 썰렁한 베란다를 생기 있게 만들어줄 거예요.

산호수는 초록이 중 사회성이 가장 좋지 않을까 생각된답니다. 어떤 환경에서도 꿋꿋이 살아가는 강한 생명력에 성격까지 좋은 산호수. '어라? 그런데도 난 산호수 죽였는데…' 하는 분이 있다면 그건 물을 잘못 주었기 때문이에요. 너무 자주 주었거나 아니면 너무 오랫동안 주지 않았거나 둘 중 하나랍니다. 정말 이 녀석은 물만 제대로 줘도 잘 산다니까요. 그리고 일산화탄소 제거 능력이 뛰어난 초록이로 인기몰이를 하고 있답니다.

봄이 되면 나물을 무쳐 먹고 싶을 정도로 여린 새순이 마구 올라오고, 작고 하얀 꽃이 앙증맞은 종처럼 대롱대롱 매달리지요. 꽃망울이 하나둘 터지면서 흰색 가루가 살짝 날리는데, 열매를 맺으려는 노력이랍니다. 햇빛이 잘 드는 곳에 두면 더욱 풍성하게 꽃이 피어요. 시간이 가면서 꽃이 진 자리에 작은 초록색 열매가 열리는데, 이것이 점점 커지면서 붉어지다가 가을이 되면 주렁주렁 보석으로 변하는 거예요. 줄기를 뻗어 자라는 식물이니까 키가 큰 화분이나 행잉 바스켓에 넣어 매달아두면 보기 좋아요.

🌿 **조심하세요!**

산호수 잎 뒷면에 아주 작은 물방울 같은 게 있다면 손으로 만져보세요. 끈적이지 않는다면 식물의 일액 현상(몸 밖으로 물을 내보내는 것)이니 괜찮지만, 만약 끈적거린다면 틀림없이 '개각충(갈색 깍지벌레)'의 소행이에요. 손으로 잡거나 약을 뿌려 없애야 한답니다.

잘 키우려면

1. 햇빛 : 강한 햇빛을 피한 양지나 반음지가 가장 좋아요.
2. 물 주기 : 화분의 겉흙이 말랐을 때 한 번에 흠뻑 주세요.
3. 번식 : 꺾꽂이나 포기나누기를 하세요.

🪴 화려한 겨울을 연출하고 싶다면

크리스마스의 상징, 포인세티아
Poinsettia

우리 집 크리스마스 장식의 주인공은 포인세티아랍니다.

붉은 잎이 따뜻하고 화려한 느낌이 드는 크리스마스의 꽃이지요.

작은 화분 하나 집 안에 들여놓았을 뿐인데도

어디선가 '징글벨~ 징글벨~' 경쾌한 캐럴이 들려올 것만 같아요.

어느 겨울날 아침, 춘천은 영하 13℃까지 떨어졌답니다. 출근길에 잠깐 걷는데 숨을 쉴 때마다 콧속이 얼어붙는 거예요. 에, 에, 에취! 그래도 때가 때인지라 빨리 퇴근해서 거실 TV장 위에 크리스마스 장식을 슬쩍 해두었지요. 여느 때 같았으면 여기저기 기웃거리며 크리스마스 소품을 향한 뜨거운 집념과 구매욕을 불태웠을 텐데, 이번엔 예전에 쓰던 소품을 먼지 탈탈 털어 100% 재활용했답니다. 물론 크리스마스의 화초, 포인세티아와 함께요.

포인세티아와 가장 잘 어울리는 소품은 뭐니 뭐니 해도 솔방울. 크리스마스 리스를 만들 때도 꼭 들어가는 필수 아이템이지요. 예전에는 솔방울에 금색, 은색 래커 스프레이로 칠하고 리본을 다는 수고를 아끼지 않았는데, 나이 탓인지 점점 생긴 그대로의 모습이 좋아지면서 아무 장식 없이 몇 개 집어 한쪽에 놓아두었어요. 단순하지만 그래도 제 눈엔 너무나 예뻐서 두 손을 가슴에 모으고 잠깐 동안이나마 행복감에 몸서리를 쳤답니다.

잘 키우려면

1. 햇빛 : 밝은 햇빛을 좋아하지만, 반음지에서도 잘 자라요. 꽃이 핀 후에는 햇빛을 쬐어주세요.
2. 물 주기 : 화분의 흙이 마르면 한 번에 흠뻑 주세요. 단, 저면관수법으로 하세요. 물을 너무 자주 주면 수분 과다로 아래쪽 잎이 누렇게 변하거나 떨어져버려요.
3. 번식 : 꺾꽂이를 하세요.

 **포인세티아 상식**

① **포인세티아의 붉은 잎은 꽃이 아니라 화포엽**이고, 가운데 노란 것이 진짜 꽃이랍니다.

② **'크리스마스의 꽃'이라고 하니까 추위에 엄청 강할 거라고 오해하시는군요.** 천만에요. 이 녀석의 고향은 멕시코랍니다. 우리나라의 혹독한 겨울 추위는 거의 독약과 같아요. 최저 10℃ 이상 되는 곳에서 키우세요. 추운 곳에 두면 잎이 떨어져요.

③ **포인세티아 기르기 까다롭지요?** 잘 관리하면 다음 해 2~3월까지 예쁜 모습으로 자라다 4월쯤부터 색이 바래고 미워져요. 이때 많은 녀석들이 버림을 받지요. 하지만 이건 지극히 정상적인 현상이랍니다. 그럼 어떻게 해야 하냐고요? 줄기를 두세 마디 정도 남겨두고 모두 자른 다음 새 흙으로 분갈이를 하면 좋아요. 그러고는 최대한 밝은 곳에 두고 계속 물을 주면 새 잎이 나온답니다. 이때부터 한 달에 한 번 정도 액체 비료를 주세요. 가을이 되어 선선한 바람이 불면 다시 잎이 활기를 띠고 꽃눈이 생기며 예뻐지는데, 붉은 잎은 금방 생기는 게 아니라 겨울이 되면서 그렇게 변한답니다.

④ **꽃이 피어 있을 때는 분갈이를 하지 마세요.** 꽃이 피어 있는 동안에도 2주일에 한 번 정도 액체 비료를 주면 좋아요.

⑤ **포인세티아는 '단일 식물'이에요.** 짧을 단短, 날 일日. 즉 가을이나 겨울처럼 낮이 짧은 때가 제때인 식물이라는 얘기지요. 그래서 낮이 짧아지는 가을부터 서서히 꽃이 생기기 시작한답니다. 겨울이 다가와도 잎이 붉어지지 않고 푸르뎅뎅하다고요? 너무 밝은 곳에만 두는 건 아닌지 체크해보세요. 붉은 잎을 보고 싶다면 해가 넘어갈 때부터 아침까지 구멍이 나지 않은 까만 비닐봉지를 씌워 빛을 완전히 차단해보세요. 이렇게 하는 방법을 '단일 처리'라고 하는데, 효과가 있답니다. 하지만 일부러 그렇게 하지 않아도 한겨울이면 붉게 변하니 걱정 마시고요.

⑥ **잎에 상처가 나면 흰색 즙액이 나오는데,** 닿으면 피부가 아주 민감한 사람만 약간 가려울 정도예요. 하지만 먹으면 위험할 수 있으니 조심하세요.

독성이 있는 식물?

언젠가 TV 프로그램에 독성이 있는 식물에 관한 내용이 방송되면서 많은 분들이 제 블로그를 방문해 질문 댓글이 덩굴처럼 달렸답니다. 다시 답하자면 실내 식물 중 독성이 있는 것은 아이비, 디펜바키아(마리안느, 안나 등), 알뿌리식물(수선화, 튤립 등), 크로톤, 란타나, 유포르비아(설악초, 포인세티아 등), 꽃기린, 아데니움(유통명 '석화' 또는 '사막의 장미'), 꽃무릇(석산) 등이에요. 모두 먹거나 바르는 등 신체만 접촉하지 않는다면 절대로 독성이 사람에게 영향을 미치지는 않는답니다.

이게 정말 심각한 문제가 된다면 집에서 식물을 많이 키우는 사람들, 무엇보다 저희 집 식구들, 특히 제가 딸아이를 낳고 키울 때 얼마나 위험천만한 일이었을까요?

식구들에게 한번 주의를 주면 충분하다고 생각해요. 단, 말을 알아듣지 못하고 사물에 대한 호기심이 많아 입으로 가져가서 확인하는 어린 아기가 있는 집에서는 아기의 손이 닿지 않는 곳에 두고 키우면 되겠지요.

위험한 식물?

특별히 어떤 성분 때문에 위험한 식물이 있다는 건 아니고요, 제 주위의 다른 분들 경험담을 말씀드리고 싶어요. 소철과 유카, 또는 가시가 길고 굵은 선인장의 경우 몸을 잘못 움직였다가 큰일을 당한 사람이 있어요. 모두 잎이 뾰족하고 딱딱해서 사람 몸을 찌르기 쉬운데, 특히 눈과 관계된 부위라면 문제가 심각하답니다. 어린아이가 있는 집이라면 계속 주의를 주거나 아이가 좀 더 자란 후에 키우라고 권하고 싶네요.

· PART 3 ·

돈 들이지 않고도 폼 나게 뚝딱,
카페 같은 가든 데코

꽃집에 가보면 사실 화초보다 화분 값이 훨씬 더 비싸요.

하지만 알고 보면 우리 집 안에 화분으로 쓸 만한 물건이 아주 많다는 사실,

모르셨지요? 어디 화분뿐인가요?

가든 선반, 센터피스, 친환경 수족관까지 조금만 몸을 움직이면

최신 카페 부럽지 않은 근사한 가든 데코가 완성된답니다.

구멍만 뚫으면 멋진 도자기 화분

"블로그에 올린 사진을 보면 컵이랑 뚝배기,
수프 그릇에 화초를 심었던데, 진짜 심은 게 아니라
그냥 예쁘게 보이려고 연출한 것 아니냐"고 많은 분이 묻곤 합니다.
흑~ 절대 아니옵니다. 그래도 믿을 수 없다는 당신!
야속하지만 이왕에 이렇게 된 일, 그 방법을 이실직고하지요.

왼쪽 페이지 사진 속 주인공은 '자금우'를 심은 파란 화분입니다.

색감이 정말 끝내주지요.

화분의 라인이 예술인 데다 여유 있는 크기도 좋고요.

사진상으로는 평범한 머그컵처럼 보이지만

실제로는 제법 큰 수프 그릇이랍니다.

하지만 이런 일반 사기그릇을 화분으로 쓰려면

반드시 밑에 물구멍을 만들어주어야 하는 법!

자, 저와 함께 구멍을 뚫어볼까요? 깨지면 어떡하냐고요?

호호, 걱정일랑 붙들어매시고 이제부터 제가 알려주는 대로만 하세요.

같은 방법으로 멋지게 탄생한 화분들을 더 보실래요?

금이 간 다기에 구멍을 뚫어 화분으로 만든 후 귀여운 다육식물을 심었어요.

이 경우는 바닥이 두꺼워서 시간이 좀 걸렸답니다.

오래된 약탕기에도 구멍을 뚫었어요. '멋져! 멋져!'

이 방법을 알고부터는 눈에 띄는 사기그릇이 죄다 화분으로

보인다는 거 아닙니까?

'또 어느 그릇에 예쁜 구멍 하나 뚫을까?'

저는 오늘도 여기저기 기웃거리며 사기그릇 찾아 3만 리랍니다.

자, 시작해볼까요?

롱 노즈(또는 펜치), 망치, 콘크리트못, 테이프, 수건, 사기그릇

이렇게 하세요

01>>
그릇을 물속에 푹 담그세요. 담가두는 시간은 1시간 이상이면 얼마가 됐든 상관없어요. 그릇이 자신의 운명을 받아들일 준비를 하는 시간이랍니다.

02>>
물에 불린 그릇을 건져내 엎어놓습니다. 구멍 뚫을 부분 안쪽과 바깥쪽에 테이프를 붙입니다. 끈적이기만 하면 아무 테이프나 OK

03>>
젖은 수건으로 그릇 안쪽을 꽉 채우세요.

04>>
다시 엎어놓습니다. 롱 노즈로 못을 단단히 고정시키고 망치로 톡, 톡, 톡 두드려 구멍을 냅니다. 그릇 바닥이 두꺼운 경우, 못으로 상처를 조금 낸 다음 다시 30분쯤 물에 담갔다가 하면 훨씬 잘 뚫어져요.

05>>
테이프를 떼어보니 정말로 구멍이 뽕~. 성공입니다. 저 먼 곳에서 희열이 밀려오네요.

TIP!

처음에 못을 두드릴 때는 '쾅! 쾅! 쾅!'이 아닌 '톡, 톡, 톡'입니다. 그러면 그릇에 작은 상처가 나면서 가속도가 붙지요. 이때부터는 좀 더 힘을 가해 툭! 툭! 툭! 그러다 어느 순간 못이 그릇 안 으로 쑥 들어가는 느낌이 전해진답니다. 그릇 안과 밖에 테이프를 붙이는 이유는 구멍이 뚫리면서 그릇 파편이 약간 튀는데 그걸 손쉽게 처리하기 위해서예요. 파편이 여기저기 튀는 걸 방지하고 테이프만 떼어내면 끝이니까요.

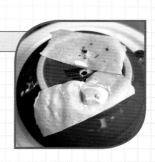

사기그릇에 구멍을 뚫을 때 드릴을 사용할 수도 있지만
저는 힘 조절하기가 어렵더라고요.
못과 망치를 이용하는 방법이 훨씬 더 쉬웠답니다.
참, 이 방법으로 유리그릇은 안 돼요.
와장창 깨져버리니까요.

친환경 가드닝 아이템, 달걀 껍데기 화분

이게 뭘까요? 달걀 아니냐고요? 맞습니다.

맞긴 맞는데요, 달걀 껍데기로 만든 '화분'이랍니다!

달걀로 만든 화분은 한동안 해외에서 인기를 끈 가드닝 아이템인데요.

컨트리풍 일본 인테리어 잡지 한 귀퉁이에 실린 사진을 보고

제 방식대로 만들어본 거랍니다.

 달걀 껍데기 화분의 가장 좋은 점은 이보다 더 친환경적일 수 없다는 거죠.

달걀 껍데기가 식물에 좋다는 거 알고 계시죠?

가끔 보면 달걀 껍데기를 화분의 겉흙 위에 그대로 올려놓거나

잘게 부숴 흙과 섞어놓기도 하잖아요.

이는 달걀 안쪽의 얇은 막이 단백질 성분이어서 이것이 분해되면

질소 성분으로 변해 영양제 구실을 하기 때문이라고 하네요.

또 달걀 껍데기를 놓아두면 산성화된 흙이 중화되어

식물에 좋은 영향을 준다고 합니다.

달걀 껍데기를 화분으로 사용할 때는 크기가 워낙 작기 때문에

성장이 더딘 다육식물을 심는 게 가장 좋답니다.

왜냐하면 금방금방 자라지 않으니까

오랫동안 분갈이를 하지 않아도 되거든요.

귀엽고 기특하고 신기한 것! 정말 예쁘지요? 이 정도 크기의 다육식물이라면

앞으로 2년 정도는 이대로 지켜보면서 즐길 수 있지 않을까 생각됩니다.

참, 조심하세요.

달걀 화분을 만질 때 너무 힘을 주면 금이 가거나 부서질 수 있어요.

힘 조절이 필수입니다. 그렇다고 화분 역할을 못할 만큼 약한 건 아니니까

지나친 걱정은 마시고요.

달걀, 나무젓가락, 다육식물, 분갈이용 흙, 마사토, 모래

이렇게 하세요

01>>
한쪽 끝 부분을 젓가락을 이용해 뽕 뚫으세요. 반대쪽 끝 부분도 뽕, 물구멍이 생겼어요.

02>>
한쪽 구멍 주위를 젓가락으로 조심조심 두드립니다. 너무 힘을 주면 그대로 빠지직 부서지니 조심하세요.

03>>
손가락으로 달걀 껍데기를 조금씩 조금씩 떼어냅니다. 구멍이 커졌지요?

04>>
달걀을 그릇에 쏟으세요. 흰자와 노른자가 완전 이탈. 손가락으로 달걀 껍데기를 조금씩 더 떼어낸 후 말리세요.

05>>
달걀 껍데기 높이의 1/3쯤 마사토를 까세요.

06>>
분갈이용 흙과 모래(또는 가는 마사토)를 1:1로 섞은 흙으로 나머지 반을 채우세요. 만약 귀찮다면 그냥 분갈이용 흙만 써도 돼요.
★ 이 단계에서 식물을 그냥 심으셔도 됩니다.

07>>
좀 더 깨끗해 보이라고 맨 위에 모래를 덮었답니다. 나무젓가락으로 식물 심을 곳에 구멍을 내세요. 모래가 흘러내려 구멍이 잘 나지 않네요. 하지만 괜찮아요. 뿌리가 짧은 다육식물을 심을 거니까요.

08>>
크기가 작은 다육식물 '프리티'를 골랐어요. 흙 속에 깊이 심기보다는 흙 위에 얹는 느낌으로 하세요. 금세 뿌리를 내리니까 걱정하지 마시고요.

달걀 껍데기를 떼어낸 부분이 가위로 자른 듯
똑바른 것보다는 살짝 들쭉날쭉해 보이는 게
훨씬 자연스럽답니다.
그럼 물을 줄 때는 어떻게?
분무기로 뿌리 가까이 대고 넘치지 않을 정도로만 주세요.

🌱 **알아두세요!**
위의 다육식물은 어린 아가들이에요. 다육식물을 많이 취급하는 꽃집에 가면 구할 수 있답니다. 일
반 꽃집에서는 소주잔만 한 포트에 담긴 작은 크기의 다육식물을 파는데 그걸 심어도 돼요. 뿌리가
길 경우에는 아주 짧게 자른 다음 심으세요. 그래도 금세 뿌리를 내리고 잘 자란답니다.

분리수거 함에서 찾은
정크 스타일의 진수, 깡통 화분

아파트 분리수거함에 거꾸로 처박혀 있던 외로운 너.

"어머나, 예쁜 깡통!" 하고 내가 네 이름을 불러주었을 때,

너는 나에게로 와서 화분이 되었다.

아, 누구든 멋진 깡통을 우리 아파트 분리수거함에 마구마구 버려다오.

산타벨라 아줌마가 나가신다!

취향도 참 이상하지요? 왜 점점 벗겨지고 녹슬고 사람 손때가 덕지덕지 묻은 물건이 좋아지는지….

소품을 고르는 취향이 이렇게 변하니, 저더러 고물상이냐고 물어보는 분도 계서요.

엘리베이터에서 만나는 꼬마들도 툭하면 "아줌마, 왜 만날 쓰레기 뒤져요? 아줌마 뭐 하는 사람이에요?" 한다니까요.

한때 제가 너무나 열광했던 '추파춥스' 사탕 깡통. 크기가 넉넉해서 아무거나 수납하기에 안성맞춤이지만,

중간 크기의 식물을 위한 화분으로 쓰면 더더욱 좋죠. 구하기 쉬운 통조림 깡통은 작은 초록이를 심을 때 좋아요.

특히 다육식물과 세련되게 어울린답니다. 페인트칠을 하지 않고 그대로 소금물에 담가

일부러 녹을 낸 깡통은 빈티지한 멋이 물씬한 정크 스타일의 화분으로 변신하지요.

깡통으로 화분 만들기, 다음과 같이 하면 돼요.

재료

흰색 계열 페인트(또는 아크릴 물감), 빈 깡통, 망치, 못, 롱 노즈, 붓

이렇게 하세요

01>>
통조림 깡통의 라벨을 벗겨내세요. 못과 망치를 준비하시고요.

02>>
못으로 바닥 부분을 뚫어 물구멍을 내세요.

03>>
붓 끝에 페인트를 살짝 묻히세요. 아크릴 물감도 괜찮아요.

04>>
페인트를 바릅니다. 깡통 색깔이 안 보이도록 여러 번 칠하거나 깡통 색깔이 비치도록 가볍게 칠하거나 취향대로 하세요. 마르면 완성입니다.

TIP!

깡통을 화분으로 쓰다 보면 군데군데 녹이 습니다. 하지만 식물이 자라는 데는 전혀 지장이 없어요. 물을 주었을 때 녹물이 흘러나올 수도 있는데, 화분 밑에 물 받침대를 놓아두면 아무 문제가 없답니다.

벽돌에 꽃이 피었다고?
벽돌 화분

우리 집에 너무나도 신기한 일이 벌어지고야 말았습니다!

글쎄, 벽돌에 꽃이 피었다는 거 아닙니까.

이번에 소개할 친환경 집 안 꾸미기는 신기한 벽돌 화분 만들기입니다.

우리 딸 유민 양이 너무 좋아서 폴짝폴짝 뛰는 아이템 중 하나지요.

벽돌, 이쑤시개, 청테이프, 가위, 다육식물, 분갈이용 흙, 마사토

TIP!

벽돌은 길 가다가 주워온 것이랍니다. 신경 써서 살펴보면 은근히 여기저기서 눈에 잘 띄는 게 벽돌이에요.

이렇게 하세요

01>>
젖은 벽돌은 반드시 바싹 말리세요. 아랫부분에 청테이프를 붙입니다. 잘 붙으니까 걱정 마세요. 알루미늄 테이프도 잘 붙어요.

02>>
벽돌 구멍이 있는 부분마다 이쑤시개로 뿡, 뿡, 뿡 구멍을 뚫습니다. 물구멍 완성.

03>>
벽돌을 다시 똑바로 뒤집으세요. 벽돌 구멍에 마사토를 1/3가량 넣어요.

04>>
나머지 공간의 반 정도에 분갈이용 흙을 넣어요. 손가락으로 꾹꾹 누릅니다.

05>>
벽돌 구멍에 다육식물의 뿌리를 살살 집어넣어요. 뿌리가 길면 조금 잘라도 돼요.

06>>
뿌리가 다 들어가면 다시 분갈이용 흙으로 채우고 손가락으로 자리를 잡아줍니다.

07>>
벽돌에 묻은 흙은 붓으로 털어내세요.

08>>
다육식물은 성장이 더딘 편이라 이런 화분에서도 오랜 기간 잘 자랄 수 있답니다.

정야 / 카라솔 / 명월

🌿 **알아두세요!**
물을 줄 때는 분무기로 뿌리가 젖을 때까지 뿌리세요. 다육식물은 햇빛을 아주 좋아하니까 해가 잘 드는 곳에 두어야 모양도 색깔도 예뻐지는 거 아시죠? 제가 벽돌에 심은 초록이는 왼쪽부터 정야, 명월, 카라솔입니다.

내추럴한 멋이 일품, 대나무통 화분

내추럴한 멋이 일품인 이 특별한 화분은
모두 대나무로 만든 것이랍니다.
죽통밥과 죽통주를 먹고 난 뒤 대나무통을 잘 모아두었다가,
이렇게 자연스러운 아름다움이 은은하게 풍기는 화분으로 탄생시켰답니다.

재료

대나무통, 드릴, 꽃삽, 망, 마사토, 분갈이용 흙

이렇게 하세요

01>>
출연할 식물은 캔 화분에서 잘 자란 '꽃기린'이랍니다. 뿌리가 꽉 차서 새 화분에 옮길 거예요.

02>>
대나무통을 뒤집어 드릴로 원하는 위치에 구멍을 내세요. 작은 구멍을 여러 개 뚫거나, 크게 하나만 뚫거나 상관없어요.

03>>
화분 안쪽 바닥에 망을 깝니다. 화분 깊이의 1/5가량 마사토를 채워요.

04>>
분갈이용 흙으로 나머지 공간의 반을 채웁니다.

05>>
식물을 넣고 다시 분갈이용 흙을 채웁니다. 식물이 화분 가운데 놓이도록 봐가면서 흙을 꾹꾹 누르세요.

🌱 조심하세요!
❶ 몇 년 동안 아주 바싹 마른 대나무통을 화분으로 쓸 경우, 물을 주면 세로로 금이 가기도 한답니다. 이런 대나무통에는 물을 적게 주는 선 인장이나 다육식물을 심으면 좋아요.
❷ 죽통주를 담았던 긴 대나무통으로 화분을 만들 경우, 화분이 세로로 높기 때문에 잘못 건드리면 옆으로 넘어지기 쉬워요. 마사토를 전체 깊이의 반쯤 채워 무게감과 안정감을 주고 아이들 손이 잘 닿지 않는 곳에 두세요.
❸ 물을 주다 보면 대나무통 밑바닥에 곰팡이가 생기는 경우도 있답니다. 칫솔로 가볍게 털어내면 깨끗해져요. 물론 겉으로는 절대로 보이지 않으니 문제없어요.

TIP!

대나무통 화분에 종이 끈을 친친 감으니 훨씬 더 멋스럽지요? 마끈을 이용해도 멋지답니다.

초간단 빈티지 스타일, 테라코타 화분

투박하면서도 근사한 테라코타 화분.

그런데 제가 이것을 가만둘 리 있나요?

낡고 오래된 느낌을 좋아하는 제가 한동안 쓰던 테라코타 화분을

좀 더 빈티지한 멋이 풍기는 화분으로 변신시켰어요.

느낌이 한결 밝고 가벼워졌다고 할까요?

이 아이템은 난이도로 따지면 완전히 '하' 수준입니다.

너무 매끄럽고 세련되지 않게 하는 것이 연출 포인트랍니다.

재료

흰색 페인트(또는 아크릴 물감), 테라코타 화분, 다소 뻣뻣한 질감의 붓

이렇게 하세요

01>>
붓 끝에만 페인트를 묻힙니다. 살짝 묻을 듯 말 듯할 정도여야 해요. 화분 표면에 바릅니다.

02>>
페인트를 더 묻히지 말고 붓에 남은 양으로 화분에 돌려가며 칠하세요. 물론, 붓에 페인트가 전혀 남아 있지 않다면 아주 조금씩 묻혀가며 칠하시고요.

03>>
마르면 완성입니다.

🌱 알아두세요!

테라코타 화분은 물을 빨리 흡수하는 동시에 수분을 외부로 잘 배출하는 특징이 있어요. 여기에 물을 자주 주는 식물을 심는다면 화분 몸체가 자주 젖어 있어서 가끔 석회 자국과 이끼 같은 게 생기지요. 물론 저는 이런 자연스러움을 아주 좋아한답니다.

하지만 아무리 자연스럽다고 해도 테라코타 화분이 얼룩덜룩한 게 정말 싫다면, 화분을 잠시 물에 담갔다가 쓰지 않는 칫솔이나 거친 수세미로 박박 문질러 닦아내면 깨끗해진답니다. 또 물을 적게 주는 선인장이나 다육식물을 심는 것도 방법이겠지요.

작아진 아이 장화의 깜찍한 변신, 장화 화분

언제나 사랑스러운 우리 딸 유민 양.

아기 때 사용하던 물건을 하나도 못 버리게 한답니다.

이제는 너무 작아져버린 노란색 장화.

유민 양이 네 살 때까지 신고 다니던 건데요, 이렇게 깜찍한 화분으로 변신했답니다.

유민 양이 가끔씩 신발장 문을 열고 만지작대며 예뻐했던

노란색 장화를 이렇게 다시 화분으로 만들어주었답니다.

우리 유민 양이 제일 좋아하는 식물인 '벌레잡이제비꽃'과

'그린볼Castanospermum Australe'을 심어주었어요.

장화는 고무 성분이라 식물에 해가 되지 않을까 걱정되신다고요?

우리 집엔 3년 전부터 사용하는 할아버지의 고무신 화분도 있는걸요.

모두 '노 프라블럼'이랍니다.

사랑하는 아이가 쓰던 물건, 많이 보관하고 계시지요?

지금부터 차근차근 그 변신 방법을 알려드릴 테니 여러분도 한번 시도해보세요.

벌레잡이제비꽃 장화 화분

재료

벌레잡이제비꽃, 장화, 꽃삽, 피트모스

이렇게 하세요

01>>
장화 밑바닥을 송곳으로 찔러 물구멍을 여러 개 내세요.

02>>
물구멍을 낸 장화 안에 피트모스를 가득 채우세요.
★ 일반 배양토나 분갈이용 흙도 괜찮아요.

03>>
벌레잡이제비꽃 뿌리는 아주 짧답니다. 흙 위에 똑바로 얹고 손가락으로 살살 심으세요.

04>>
겉흙이 축축해질 때까지 물을 흠뻑 줍니다.

그린볼 장화 화분

재료

그린볼, 장화, 꽃삽, 마사토, 분갈이용 흙

이렇게 하세요

01>>
장화 밑바닥을 송곳으로 찔러
물구멍을 내세요. 마사토를 1/4
정도 넣어 배수층을 만듭니다.

02>>
마사토 위에 분갈이용 흙을 넣
습니다. 마사토를 넣고 난 나머
지 장화 높이의 절반 정도만 넣
으면 됩니다.

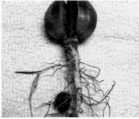

03>>
그린볼 뿌리는 이렇게 생겼어
요. 장화 안에 넣습니다.

04>>
빈 공간을 다시 분갈이용 흙으
로 채웁니다. 이때 그린볼 씨앗
이 겉으로 보이도록 해야 멋있
답니다.

05>>
손가락으로 꾹꾹 눌러가며 흙을
다진 후 흙이 모두 젖도록 물을
줍니다.

커다란 씨앗 사이로 시원스러운 줄기가 쑥 올라와

싱그러운 잎이 돋아나는 그린볼은 아이들이 정말 좋아하는 식물이지요.

이 친구가 바로 동화 〈잭과 콩나무〉에 나오는 바로 그 '콩나무'라는 얘기가 있어요.

성장하는 데 맞게 그때그때 분갈이를 하면 쑥쑥 잘 자란답니다.

사과 상자 리폼 ❶
만능 화분 겸 선반으로 변신

실내 정원을 가꾸는 데 사과 상자만큼 전천후로 요긴한 물건은 별로 없을 거예요.

내추럴하면서도 빈티지한 멋을 풍기는, 더없이 정겨운 소품이지요.

그냥 써도 좋지만 아주 약간만 손을 보면 멋스러움이 배가된답니다.

자연 그대로의 나뭇결과 바람 냄새, 사용하는 사람이 원하는 대로 변신시킬 수 있는 다양한 쓰임새….

지금, 당장 버려두었던 사과 상자를 찾아보세요!

저는 사과 상자를 주로 가드닝 소품으로 사용한답니다. 안에 큰 비닐을 깔고 흙을 채워 화분으로 쓰거나,

올망졸망한 화분들을 상자에 넣어서 코너를 깔끔하게 연출하기도 하지요.

여기저기 흩어져 있는 가드닝 도구를 보관하는 수납함으로도 손색이 없고, 상자를 세우면 선반으로도 쓸 수 있어요.

이런 사과 상자가 저희 집에는 열 개도 넘는답니다.

"사과 상자를 대체 어디서 구하느냐, 눈 씻고 찾아봐도 없더라"라고 하시는데요.

뭐 눈엔 뭐만 보인다고, 어딜 가나 제 눈엔 왜 그렇게 잘 띄는지….

과일 가게에서 돈을 받고 팔기도 한다는 이야기도 있습니다. 그럼 같이 손질해볼까요?

재료

사과 상자, 흰색 계열 페인트(또는 아크릴 물감),
붓, 사포(80방)

이렇게 하세요

01>>
잘생긴 사과 상자예요. 사과 상자가 잘생겼다는 건, 나무의 옹이도 좀 보이고 울퉁불퉁한 외모를 뜻해요. 느낌이 투박할수록 멋스럽거든요.

02>>
한데, 그대로 쓰기엔 한 가지 문제가 있어요. 표면이 거칠어서 잘못하면 손에 가시가 박힙니다. 천원숍이나 문구점에서 사포를 구해 표면을 문지르세요.

03>>
손바닥으로 쓸어봐도 문제가 없을 만큼 부드러워졌어요. 단, 너무 곱게 밀면 자연스러운 맛이 덜해요. 가시가 느껴지지 않을 정도로만 문지르세요.

04>>
물과 페인트의 비율을 2:1 정도로 묽게 타세요. 붓 끝에 페인트를 조금만 묻혀서 아주 가벼운 손놀림으로 칠합니다. 너무 꼼꼼하게 칠하지 마세요.
★ 많은 양의 페인트를 붓에 묻혀 칠할 경우, 붓질 한 번에 페인트가 나뭇결을 다 덮어버려요. 실수를 만회할 수 없게 된답니다.

05>>
군데군데 페인트가 덜 칠해져 멋스럽지요? 깔끔하게 좋다면 페인트 농도를 높여서 여러 번 칠하면 돼요.
★ 이대로 사용해도 되고 글씨를 새겨 넣거나 그림을 그려도 좋아요.

TIP!

다른 색 페인트를 사용해도 되지만 저는 초록이를 가장 돋보이게 하는 것은 흰색이라고 생각하기 때문에 주로 화이트 계열을 많이 쓴답니다.

사과 상자 리폼 ❷
움직이는 미니 화단

집에 머무는 시간이 길어지면서 실내 정원 만들기가 인기잖아요.

하지만 공간이 허락되지 않는 경우도 많지요.

그렇다면 이런 미니 화단은 어때요?

제가 사과 상자를 반나절 동안 조몰락거려서 만든 움직이는 미니 화단이랍니다.

특수 페인트로 약간 멋을 부려 색다르게 꾸며봤어요.

상자 안에 화초를 여러 개 심으면 옮길 때 아주 무거운데,

바퀴를 달아 쓱쓱 밀고 다니면 되니까 너무나 편하답니다.

오늘은 여기에 내일은 저기에, 장소를 바꿔가며 즐길 수 있는 게 최고의 장점이에요.

Step 1 사과 상자에 자연스러운 균열 만들기

재료

크래클 페인트, 핸디코트,
두 가지 색상 페인트, 나뭇조각, 톱, 사과 상자

TIP!

요건 말이지요, 사과 상자를 멋스럽게 변신시킬 '크래클 페인트'예요. 처음 보는 분도 많지요? 표면이 갈라진 듯한 효과를 내는 정말 신기하고 멋진 녀석이랍니다. 인터넷을 통해 적은 양도 구입할 수 있어요.

이렇게 하세요

01>>
일단 사과 상자부터 손질해요. 옆면에 난 큰 틈이 보이네요. 나뭇조각을 상자 옆 틈의 높이에 맞게 자르세요.
★ 나뭇조각 대신 플라스틱 책 받침도 괜찮아요.

02>>
본드로 나뭇조각을 안쪽에서 붙입니다.

03>>
겉면에 핸디코트를 바릅니다. 나무판 사이의 작은 틈은 핸디코트를 바르다 보면 절로 메워져요. 핸디코트의 반죽이 될수록 잘 메워진답니다. 마음 가는 대로 슥슥 발랐어요.

04>>
페인트(A)를 핸디코트 위에 칠합니다. 빈 공간 없이 두 번 정도 꼼꼼하게 칠합니다.
★ 이 페인트는 '던에드워드 DE 6108 English Scone'이에요. 코코아를 섞은 부드러운 크림 같은 색이지요.

05>>
페인트가 마르면 크래클 페인트를 상자 전체에 바릅니다. 이 페인트는 투명한 색이에요. 이때 주의할 점은, 꼭 한쪽 방향으로만 발라야 해요.

06>>
크래클 페인트가 마르면 그 위에 다시 반대 방향으로 페인트(B)를 바르세요.
★ '던에드워드 SP 4051'을 썼답니다. 깨끗하고 침착한 화이트 컬러예요.

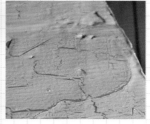

07>>
페인트(B)를 바르자마자 정말 크랙이 생기기 시작합니다. 놀라워라~. 마술 같아요. 일단 크랙 무늬 내기는 완성입니다.

Step 2 스텐실로 글씨 장식하기

재료

라벨지, 칼, 두 가지 색상 아크릴 물감, 스펀지

이렇게 하세요

01>>
새기고 싶은 글씨를 라벨지에 프린트합니다. 칼로 글씨를 파내세요.

02>>
접착 면을 벗겨냅니다. 글씨를 새기고자 하는 면에 붙이세요. 손가락으로 꼭꼭 눌러 붙여야 물감을 묻혔을 때 옆으로 번지지 않아요.

03>>
원하는 색상의 아크릴 물감을 준비하세요. 저는 비슷한 색상으로 두 가지를 준비했어요. 두 가지 색이 섞여 글씨가 약간 얼룩져 보이면 좀 더 정크한 느낌이 나지 않을까 싶어서요.

04>>
스펀지에 물감 원액을 짠 다음 라벨지 위에 톡, 톡, 톡 두드리세요.
★ 메이크업할 때 사용하는 작은 스펀지를 쓰면 좋아요.

05>>
글씨 있는 부분 모두 다 두드렸어요. 그대로 말리세요.

06>>
이제 라벨지를 벗겨냅니다. 제일 기쁜 순간이죠? 멋진 글씨가 보이죠? 사과 상자 표면의 자연스러운 균열과 스텐실한 글씨가 너무 잘 어울려요.

🌱 **알아두세요!**
스텐실은 제가 소품에 글씨를 새겨 넣을 때 애용하는 방법이지요. 스텐실을 할 때는 스텐실 필름지도 있지만 저는 주로 접착 처리가 되어 있는 '라벨지'를 이용한답니다. 끈적끈적한 접착 면이 있어서 물감이 옆으로 새어 나가지 않아요. 단점은, 한두 번밖에 쓸 수 없다는 것. 하지만 똑같은 글씨를 계속 새길 일이 없다면 이 방법이 제일 좋아요.

Step 3 사과 상자에 식물 심기

물이 새지 않는 커다란 비닐, 난석, 분갈이용 흙, 바퀴

이렇게 하세요

01>>
비닐을 상자 안쪽에 넣어 잘 맞추세요. 가장자리는 스테이플러로 고정시키고 필요 없는 부분은 가위로 잘라냅니다.

02>>
깨끗하게 정리된 상자 아랫부분에 물구멍을 만드세요. 뾰족한 것으로 뿅뿅뿅.

03>>
사과 상자 바닥에 바퀴를 다세요.
★ 바퀴는 철물점이나 인터넷 DIY 쇼핑몰에서 저렴하게 구입할 수 있습니다.

04>>
화단의 크기가 있으니 무게가 가벼운 난석으로 배수층을 만듭니다. 일단 가장 굵은 난석을 부으세요.
★ 난석은 한 봉지 안에 돌의 굵기가 큰 것, 중간 것, 작은 것으로 구분되어 있어요.

05>>
그리고 중간 것, 작은 것 순서로 상자 높이의 1/5 정도만 난석을 채우세요.

06>>
그 위에 분갈이용 흙을 상자 높이의 반쯤 부으세요.

07>>
화초를 배치하고 사이사이를 흙으로 채우세요. 물을 줄 때 흘러넘치는 것을 방지하기 위해서 높이 3~5cm 정도는 남겨놓고 흙을 채우셔야 합니다.

🌿 **알아두세요!**
화초는 심기 전에 대충 모양을 잡아 봅니다. 키가 큰 녀석은 뒤쪽에, 작은 녀석은 앞쪽에 심으면 좋겠지요. 사과 상자처럼 한곳에 심을 화초를 고를 때는 성질이 비슷한 녀석들을 골라야 해요. 물 주는 시기와 햇빛을 좋아하는 정도가 비슷한 것으로 고르세요. 예를 들어, 단지 예쁘다는 이유만으로 산세비리아와 스파티필룸을 함께 심는다면 둘 다 오래가지 못해요. 하나는 흙이 아주 건조한 것을 좋아하는 녀석이고 다른 하나는 비교적 물을 많이 먹는 녀석이다 보니 관리하기가 어렵기 때문이랍니다.

유리병 리폼 ❶
세련된 감각의 뉴욕 스타일 꽃병

짧은 시간에 내 손으로 뚝딱 완성할 수 있는
빈티지 스타일의 꽃병 하나 만들어보실래요? 바로 요거랍니다!
잼을 다 먹고 난 병으로 만들었어요.
패츠헤데라 Fatshedera lizei 몇 줄기 꽂아두니 너무 멋진 느낌!
꽃병뿐만 아니라 연필꽂이 등 다른 용도로 써도 좋아요.
오늘 작품의 포인트는 바로 영자 신문을 붙인 부분입니다.

유리병, 딱풀, 가위, 영자 신문

이렇게 하세요

01>>
다 먹고 남은 딸기잼 병입니다. 종이 라벨은 억지로 떼어내지 말고 병 전체를 물에 푹 담그세요.

02>>
라면 하나 후다닥 끓여 먹을 시간 동안 담가두면 라벨이 저절로 떨어집니다.

03>>
유리병 안팎을 깨끗이 닦고 나서 물기를 말리세요. 반짝반짝 예쁜 얼굴로 새로운 운명을 기다리는 유리병 준비 끝.

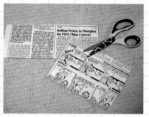

04>>
영자 신문에서 병에 붙일 부분을 찾아요. 이상한 내용은 좀 곤란하겠죠? 원하는 부분을 가위로 오리세요.

05>>
어떤 모양으로 붙일지 결정한 후 뒷면에 풀칠을 해요. 가장자리는 놔두고 병에 붙일 가운데 부분에만 꼼꼼하게요.

06>>
병에 영자 신문을 붙입니다. 쭈글쭈글 우는 부분이 없도록 손가락으로 천천히 밀어가면서 잘 밀착시키세요.

07>>
그대로 잘 말립니다. 풀칠한 부분이 완전히 마를 때까지 기다려요.

08>>
신문의 모서리를 들어 올립니다. 엄지와 검지로 꼭 잡고 한 번에 쫙 뜯어냅니다.

09>>
다른 가장자리도 마찬가지로 쫙 뜯어내세요. 하지만 마음에 들지 않는 부분도 있어요. 그런 부분은 손톱으로 밀어 신문지를 없애요.

10>>
그래도 풀 자국이 남아 지저분하지요? 그럴 땐 티슈에 물을 묻혀 살살 닦으세요.

11>>
이제 깨끗해졌습니다. 완성이에요.

TIP!
완성 후 신문지를 붙인 부분에 마감재(투명 바니시를 발라도 된답니다. 하지만 일부러 물을 묻히지 않는다면 이대로도 끄떡없어요. 어쩌다 물이 좀 묻어도 얼룩만 약간 생길 뿐 떨어지지는 않아요.

유리병 리폼 ❷
정겨운 멋의 컨트리풍 꽃병

어디서 많이 본 듯하다고요? 철사 손잡이가 있는 유리병 말이에요.

컨트리풍 인테리어 잡지를 보면, 심심찮게 만나게 되지요.

익숙하고 자연스러운 모습이 참 좋은데,

하나 사려고 하니 가격이, 가격이… 너무 미워요.

그래서 말인데, 직접 하나 만들어볼까요?

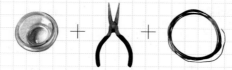

빈병, 롱 노즈(또는 펜치),
와이어

TIP!

와이어는 손으로 만지기만 해도 쉽게 구부러지는
철사로 준비하세요. 굵기가 다양한데, 저는 굵은 와
이어를 사용했어요. 병에는 와이어가 걸릴 턱이 있
어야 해요.

이렇게 하세요

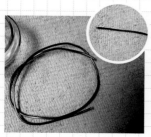

01>>
와이어를 적당한 길이로 자르세
요. 그런 다음 쭉 펴세요.

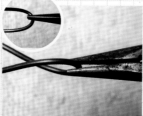

02>>
와이어의 중간 부분을 구부립니
다. 가운데를 롱 노즈로 집어서
한쪽으로 비틉니다.

03>>
이런 모양이 나오지요. 철사 양쪽
끝을 잡고 옆으로 쫙 벌리세요.

04>>
병 입구에 대고 오므리면서 전
체를 감쌉니다. 와이어를 교차
하시고요.

05>>
와이어가 단단히 고정되도록 여
러 번 꼬세요. 롱 노즈를 사용하
면 힘을 주기가 쉬워요.

06>>
옆에서 보면 이런 모양이 되지
요. 와이어가 남을 수도 있어요.

07>>
남으면 롱 노즈로 잘라내세요.
깔끔하지요?

08>>
한쪽에 남은 긴 와이어를 처리
해야겠죠? 처음에 만든 고리 안
에 넣으세요.

09>>
와이어를 고리 밖으로 다시 빼
내요.

10>>
빼낸 끝을 빙빙 돌려 꼽니다.

11>>
이런 모양이 된답니다. 완성입
니다.

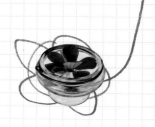

와이어를 롱 노즈나 펜치로 구부릴 때는 자국이 남지 않도록
화장솜이나 티슈를 덧댄 후 사용하세요.
또 매끈한 와이어보다는 약간 울퉁불퉁한 게 내추럴해 보여 좋아요.
손으로 가볍게 구부리면 그렇게 된답니다.

🌱 유리병을 리폼하는 또 다른 방법
글자가 있는 스티커를 이용하는 방법이에요. 스티커에서 원하는 글자를 떼어 붙이기만 하면 끝! 이
런 방법은 표면이 매끄러운 유리병에 하는 게 좋아요. 일부러 떼어내지 않는 한 떨어지지 않으니
걱정 뚝! 저는 딸에게 'I Love You, Youmin'이라는 글자 스티커를 붙여 선물했지요. 아이에게 점수
를 딸 수 있는 간단한 방법. 꼭 한번 해보세요.

선인장은 전자파를 없앤다?

각종 질병을 유발한다는 전자파. 어떻게 전자파를 차단할 수 있는가에 관한 많은 의견이 쏟아져 나왔는데, 그중 하나가 선인장이 전자파 차단에 효과가 있다는 것이었지요.

덕분에 책상 위에 올려놓기 좋은 크기의 선인장이 엄청나게 팔렸고, 동시에 무수하게 죽어나갔다는 사실! 도대체 누가 그런 말을 퍼뜨린 걸까요? 선인장들의 명복을 빕니다.

식물학계의 연구 결과에 따르면, 선인장은 전자파 차단에 효과가 없는 것으로 나타났어요. 선인장보다는 키가 1m 이상 크고 잎이 많은 관엽식물이 훨씬 더 효과가 좋다고 합니다. 고무나무 종류, 필로덴드론, 파키라, 셰플레라(유통명 '홍콩야자') 등이 좋겠네요.

전자파를 차단하는 제품이라고 판매되는 것들도 별반 효과가 없다고 뉴스에 종종 나오는데요. 방법은 오직 실내 식물뿐인 것 같습니다. 우리 집 유해 전자파, 비켜!

식물이 밤에 내뿜는 이산화탄소는 인체에 해롭다?

식물이 낮에는 이산화탄소를 흡수하고 밤에는 배출한다는 사실, 다들 아시죠? 때문에 실내에 식물을 두면 잠을 자는 동안 사람에게 좋지 않다고 생각하는 분이 많아요.

하지만 식물이 낮에 이산화탄소를 흡수하는 양과 밤에 배출하는 양은 차이가 아주 많이 난답니다. 이 문제에 대한 실험 결과를 보면, 식물이 낮 동안 광합성 작용을 하면서 흡수하는 이산화탄소의 양은 상당히 많지만, 밤에는 호흡만 하기 때문에 매우 적은 양의 이산화탄소를 내보낸다고 해요.

다시 말해, 실내에 식물을 두면 밤새 이산화탄소 양이 증가하는 것은 사실이지만, 그 양이 매우 미미해 인체에 해를 끼칠 정도는 절대로 아니라는 겁니다. 이것이 정말 문제가 된다면 방마다 큰 화분이 서너 개씩 있는 우리 집 식구는 다 병원에 갔게요? 아무런 문제도 없으니 걱정하지 마세요. 그래도 찜찜하다면 밤 동안 이산화탄소를 흡수하는 다육식물이나 선인장 같은 식물을 두세요. 자, 문제가 해결되었죠?

상자 하나로 두 가지 변신 ❶
미니 컨테이너 가든

지난 설날 아파트 분리수거함에서 주워온 예쁜 나무 상자.

명절 때는 선물을 주고받다 보니 이때가 빈 나무 상자를 구할 수 있는 절호의 기회랍니다.

깨끗한 오동나무 재질에 크기도 적당해서 눈에 띄자마자

"내 거야!" 하며 모셔왔지요.

그리고 그 상자로 아기자기한 멋이 폴폴 묻어나는 미니 컨테이너 가든을 만들었어요.

Step 1 미니 컨테이너 박스 만들기

나무 상자, 냅킨, 가위, 딱풀, 바니시, 붓

이렇게 하세요

01>>
색상과 무늬가 고운 종이 냅킨을 준비합니다.
★ 마트의 주방용품 코너에서 팔아요.

02>>
냅킨은 보통 3~4겹으로 되어 있어요. 각각 분리해서 무늬가 가장 선명한 겉장을 골라요.

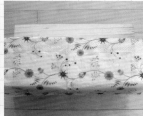

03>>
나무 상자에 어떤 모양으로 붙일지 슬쩍 대봅니다.

04>>
나무 상자에 딱풀을 꼼꼼하게 발라요. 딱풀을 냅킨에 직접 바르면 찢어지거든요.

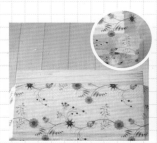

05>>
풀을 바른 곳에 냅킨을 밀착시켜 붙입니다. 모서리 부분도 신경 써서 붙인 다음 그대로 말리세요.

06>>
냅킨의 불필요한 부분을 가위로 깨끗이 잘라요.

07>>
냅킨 붙인 부분을 포함해서 나무 상자 전체에 바니시를 바릅니다.
★ 방수 효과를 보기 위해서예요.

08>>
잘 마르면 완성입니다.

Step 2 미니 컨테이너 박스에 식물 심기

나무 상자 크기에 맞는 비닐봉지, 바크, 분갈이용 흙

이렇게 하세요

01>>
비닐봉지를 상자 속에 집어넣어
요. 윗부분을 바깥쪽으로 활짝
젖힙니다. 물 주기에 자신이 없
다면 바닥에 드릴로 구멍을 뚫
어 물구멍을 만드세요.

02>>
상자 높이의 1/5 두께만큼 바크
를 넣습니다.

03>>
바크 위에 분갈이용 흙을 넣어
요. 바크를 뺀 나머지 화분 깊이
의 절반가량만 넣으세요.

04>>
나무 상자에 심을 식물을 준비
합니다. 포트에서 빼낸 그대로
심어도 되지만, 상자의 높이가
낮다면 뿌리 끝 부분의 1/3가량
을 잘라내고 심으세요.

05>>
상자 안에 넣어요. 뿌리가 다 덮
이도록 상자의 나머지 공간에
분갈이용 흙을 채웁니다.

06>>
필요 없는 비닐은 상자 라인을
따라 가위로 싹둑싹둑. 미니 컨
테이너 가든 완성!

TIP!

'바크'는 나무껍질이에요. 입자가 커서 물도 잘 빠지고
아주 가볍답니다. 꽃집에서 파는 살균 처리된 제품
을 쓰는 게 좋아요. 물구멍이 없는 화분에 바크를
깔아 배수층으로 쓰면 물을 주었을 때 바크층에 고
여 있다가 서서히 증발된답니다. 바크 대신 난석을
써도 좋아요.

상자 하나로 두 가지 변신 ❷
가든 칠판

잡지 화보나 외국 영화를 보면 정원에 작은 칠판을 달아

식물 이름이나 정원 주인 이름을 적어놓은 것 보셨지요?

주워온 나무 상자 뚜껑으로 화단을 한층 돋보이게 하는 미니 칠판을 만들었답니다.

재료

나무 상자 뚜껑, 칠판 페인트,
마스킹 테이프, 붓

이렇게 하세요

01>>
나무 상자 뚜껑을 준비합니다. 가장자리를 마스킹 테이프로 깔끔하게 붙이세요.

02>>
칠판 페인트를 쓱쓱 바른 다음 잘 말리세요.

03>>
마른 후에 마스킹 테이프를 벗겨볼까요?

04>>
페인트칠이 깔끔하게 되었네요.

화분의 패셔너블한 변신, 청바지 커버

무지하게 더운 여름!
치렁치렁 다리에 휘감기는 긴 청바지가 싫어서 과감히 싹둑 잘랐답니다.
이리하여 여름 무더위를 식혀줄 반바지 탄생!
그런데 어라? 잘린 청바지 밑단은 어쩌지요?
이때 번뜩 스치는 기발한 아이디어! 청바지 입은 화분을 만들어보았답니다.

청바지, 글루건, 자, 가위

TIP!

화분을 커버링할 청바지 부위를 선택할 때는 매끈한 부분보다는 살짝 올이 나갔거나 찢어진 곳, 박음질이 두드러진 부분을 잘라 사용하면 더욱 멋스러워요.

이렇게 하세요

01>>
커버링할 화분의 높이를 재요.

02>>
밑단이 접힌 데다 장식이 예쁜 청바지 아랫부분을 쓰기로 결정했어요. 화분 높이보다 3cm 정도 길게 높이를 잡으세요.

03>>
바지를 가위로 자릅니다. 세워 볼까요? 화분에 물을 줄 때 물구멍으로 물이 흘러나오니까 밑에 물 받침 접시를 놓으세요.

04>>
그 위에 화분을 집어넣습니다.

05>>
커버링할 천이 화분 둘레보다 훨씬 크지요?
★ 화초를 넣고 설명하려니까 잘 보이지 않아서 여기서부터는 빈 화분으로 설명하겠습니다.

06>>
손으로 화분 둘레에 딱 맞게 잡으세요. 남는 부분을 뒤쪽으로 돌립니다. 화분보다 약간 높게 커버링해야 예뻐요.

07>>
뒤로 접은 부분이 이처럼 되겠지요. 이 부분을 글루건으로 붙이면 쉽고 확실하게 처리할 수 있어요.
★ 바느질을 할 수도 있지만, 이게 훨씬 편해요.

08>>
아랫부분이 너무 길거나 삐죽 나온 부분이 있다면 잘라냅니다. 바닥에 천이 적당히 닿고 물 받침 접시가 보이지 않도록 하는 게 중요해요.

옷이 날개다, 종이 포장지 커버링

자주 하는 말이지만, 화분 값 너무 비싸요.

그래서 말인데요, 화분이 맘에 들지 않는다고 비싼 돈 주고 새로 바꾸지 말고

아주 조금만 꼼지락거려서 근사한 모습으로 변신시키는 건 어때요?

재료는 패밀리 레스토랑이나 도넛 가게에서 포장할 때 주는 종이 포장지랍니다.

평범한 화분에 날개를 달아볼까요?

종이 팩 화분 커버링 1

종이 포장지, 종이 끈(또는 마 끈), 가위

이렇게 하세요

01>>
종이 포장지의 아랫부분을 화분 높이보다 2cm가량 더 길게 자릅니다.

02>>
세워서 입구를 벌린 후, 안쪽에 물 받침 접시를 놓으세요.

03>>
화분을 넣어요.

04>>
화분을 두 번 정도 돌려 묶을 만한 길이로 종이 끈을 잘라요. 화분에 휘감아 앞부분에 묶으세요.

종이 팩 화분 커버링 2

이렇게 하세요

01>>
도넛을 싸는 포장지예요. 경쾌한 색상이 마음에 들어요. 쫙 펴서 화분에 두르세요.

02>>
종이 끈을 감아 고정시켜요. 무당벌레 모양이 예쁜 집게 하나 달면 완성!

돈 한 푼 들이지 않고 만든 앙증맞은 이름표

화분마다 예쁜 이름표를 달아주고 싶은 마음이 생기는 건 저만이 아닐 거예요.

가드닝 소품을 파는 가게에 가보면 어디에나 꼭 '우드픽'(네임픽)이 빠지지 않는 걸 보면 말이지요.

집에 있는 화분 숫자대로 여러 개를 사려면 가격이 만만치 않죠?

여기, 돈 한푼 들이지 않고 멋진 이름표 만드는 방법이 있답니다.

소품 가게에서 파는 것보다 훨씬 예쁘고, 게다가 만드는 방법도 너무 쉬워요.

얼음과자 막대를 이용한 이름표

재료

얼음과자 막대, 투명 매니큐어, 네임펜

 + +

이렇게 하세요

01>>
얼음과자를 먹고 남은 나무 막대를 물에 씻어 잘 말립니다.

02>>
흙 속에 들어갈 막대 끝 부분의 앞뒤, 옆면에 투명한 매니큐어를 바르세요.

03>>
물이 묻어도 지워지지 않는 네임펜으로 매니큐어를 바르지 않은 부분에 화초 이름을 하나씩 씁니다.

TIP!

나무 막대에 매니큐어를 바를 때는 적어도 두세 번 정도 칠하고 말리기를 반복하세요. 나무 막대 길이의 절반쯤 칠하는 게 좋아요. 매니큐어 대신 바니시를 발라도 됩니다.

플라스틱 스푼 이름표

재료

플라스틱 스푼, 네임펜

이렇게 하세요

01>>
이건 아이스크림용 플라스틱 스푼이에요. 네임펜으로 스푼의 동그란 부분에 예쁘게 화초 이름을 쓰세요.

02>>
간단히 완성됐습니다. 이제 화분에 꽂으세요.

화분에 직접 그리는 이름표

재료

화분, 칠판 페인트(또는 검은색 아크릴 물감), 붓

TIP!

아크릴 물감을 쓸 경우 포스터컬러의 농도만큼 희석해서 쓰세요. 수채화 물감은 안 돼요. 물이 묻으면 지워지니까요.

이렇게 하세요

🌿 **분필, 아크릴 물감 활용**

이것도 저것도 다 귀찮다 싶으면 아무 작업도 하지 말고 화분에 직접 이름만 쓰는 방법도 있어요. 테라코타 화분의 경우 분필로 화분 표면에 이름을 써도 멋지고, 플라스틱이나 사기 화분의 경우 붓에 아크릴 물감을 묻혀 쓰면 된답니다.

01>>
붓에 칠판 페인트를 약간만 묻힌 다음 화분 표면에 쓱 바릅니다.

02>>
아랫부분에 한 번 더 바르세요. 글씨가 많이 들어가야 한다면 넓게 바르면 되겠지요. 그대로 말리세요.

03>>
뽀송뽀송 예쁘게 말랐네요. 페인팅한 부분에 분필로 화초 이름을 씁니다.

칠판 페인트, 바니시?
어디서 구해요?

이 책에 소개된 나무 패널, 페인트, 스테인, 바니시 등등의 재료는 철물점이나 인터넷 DIY 쇼핑몰, 또는 천원숍에서 구입할 수 있어요. 인터넷 검색창에 'DIY'라고 치면 쇼핑몰이 여러 개 뜬답니다.

페인트나 스테인의 경우는 약 0.5L 단위부터, 바니시는 0.2L부터, 칠판 페인트는 250㎖부터 판매하고 있어요. 크래클 페인트는 118㎖부터, 핸디코트는 1kg부터 구입할 수 있고요. 나무 패널도 낱개로 구입할 수 있지요.

페인트나 바니시 등 요즘은 워낙 DIY 재료를 소량으로도 많이 판매하는 추세라 편리해요. 하지만 제가 소개한 테라코타 화분 꾸미기나 가든 칠판처럼 정말 아주 소량만 필요할 경우가 있잖아요? 남을 것이 뻔한 큰 용량을 구입하기가 아깝다면 문구점에서 낱개로 파는 아크릴 물감으로도 대체 가능하답니다. 아크릴 물감은 물과 섞어 바르지만 일단 마른 후에는 페인트처럼 지워지지 않아요. 바니시도 문구점에서 소량으로 판매해요.

DIY 재료를 구입할 만한 쇼핑몰로는 '손잡이닷컴' www.sonjabee.com, '철천지' www.77g.com, '삼화홈데코' www.djpi.co.kr 등이 있습니다. 집에서 조몰락거리면서 만들 수 있는 모든 재료를 총망라한 곳이에요. 페인트, 스테인, 바니시, 핸디코트, 나무 패널 등을 구할 수 있답니다. 그리고 친환경 페인트 제품을 찾는다면 '나무와사람들' www.jeswood.com에 들러보세요.

원예 부자재 인터넷 쇼핑몰

* 심폴 www.simpol.co.kr

   식물, 화분, 비료와 병해충 약까지 구할 수 있는 대규모 쇼핑몰

* 태극화훼농원 www.tkhan.com

   야생화 전문 쇼핑몰

* 태광식물원 www.yjflower.co.kr

   알뿌리 식물 전문 쇼핑몰

* 플러브 www.floves.co.kr

   원예농장을 운영하며 관엽식물부터 알뿌리식물, 다육식물까지 선보이는 곳

* 꽃씨몰 www.flowerseed-mall.com

   꽃이 예쁜 식물의 꽃씨가 많으며, 일년생, 다년생 식물, 다육식물까지 구입할 수 있는 곳

TIP!

인터넷으로 식물을 구입할 경우, 직접 발품을 팔아 꽃집에서 구하는 것보다 상품성이 다소 떨어지는 물건이 배달되어 실망할 수도 있어요. 간혹 식물의 줄기가 부러지거나 화분이 깨진 채 올 수도 있지요. 하지만 그런 경우는 거의 드물고 각 쇼핑몰마다 포장에 신경을 많이 쓰는 편이므로 크게 걱정하지 않아도 돼요.

낭만적인 분위기 연출하는
화이트 가든 선반, 화분걸이

생각을 살짝 바꾸면 무엇이든 훌륭한 가드닝 소품으로 변신해요.

이번에도 역시 우리 아파트 분리수거함에서 주워온 철제 바구니와

욕실용 발판이 주인공입니다.

방법이 너무 간단해서 따로 설명할 것도 없을 정도예요.

철제 바구니 선반

철제 바구니, 못

01>>
주워온 철제 바구니예요. 청소를 하려고 옆에 세워놓는 순간 아이디어가 떠올랐지요.

02>>
벽에 못을 단단히 박으세요. 무게중심을 잘 잡아서 바구니를 거세요.

03>>
화분을 얹어볼까요? 밑면이 약간 경사가 졌지만 염려할 정도는 아니랍니다.

발판 화분걸이

욕실용 발판, 흰색 페인트, S자 고리

01>>
아파트 분리수거함에서 주워온 욕실용 발판입니다. 흰색 페인트로 한 번 칠했어요.

02>>
적당한 곳에 비스듬히 세워보세요. 벽에 붙이고 싶다면 못을 박고 달면 돼요.

03>>
S자 고리를 거세요. 손잡이가 있는 화분을 고리에 걸면 됩니다.

앙증맞은 이름표, 미니 우드픽

인테리어 소품 쇼핑몰에서 판매하는 것과 똑같은 우드픽을 만들었답니다.

흔한 아이템 가운데 하나지만 내 손으로 직접 만들어보는 기쁨,

그리고 파는 것보다 더 견고하고 예쁘다는 자아도취감에 행복이 철철 넘치네요.

너무 맘에 들어서 흥얼흥얼 콧노래가 나옵니다.

"자, 초록이들아! 엄마가 예쁜 이름표 하나씩 달아줄게."

칠판 페인트(또는 검은색 아크릴 물감), 만능 톱, 붓, 나무젓가락, 나무 패널, 마스킹 테이프, 본드

이렇게 하세요

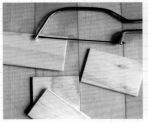

01>>
나무 패널을 톱으로 자릅니다. 가로 10cm, 세로 7cm로 했어요. 이때 나무는 표면이 매끈해야 해요.

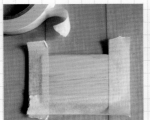

02>>
가장자리에 마스킹 테이프를 폭 0.5cm 정도로 붙이세요. 테이프를 붙인 부분은 칠판 페인트가 칠해지지 않는 여백이 되는 거예요.

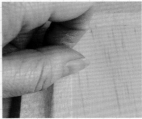

03>>
페인트가 번지면 미우니까 마스킹 테이프가 나뭇조각에 빈틈없이 달라붙도록 손톱으로 힘을 주어 밀착시킵니다.

04>>
붓에 칠판 페인트를 묻혀요. 나뭇조각 위에 바른 후 그대로 말리세요.

05>>
다 마른 후에 마스킹 테이프를 떼어내세요. 깨끗하게 잘 칠해졌네요.

06>>
칼로 나무젓가락의 한쪽 끝 부분을 뾰족하게 다듬어요. 흙에 들어갈 부분이에요.
★ 이 과정은 생략해도 됩니다.

07>>
젓가락 위쪽에 본드를 바른 다음 나뭇조각 뒷면에 붙이세요. 완성이에요.

노랑무늬
페퍼

🌱 알아두세요!
흙 속으로 들어갈 나무젓가락 끝 부분에 투명 매니큐어나 바니시를 두세 번 반복해서 바르세요. 흙 속의 수분 때문에 나무젓가락 색이 변하거나 썩는 것을 막아준답니다. 일반 나무젓가락 대신 쓰지 않는 튀김용 대나무 젓가락이 있으면 사용해보세요. 훨씬 견고해서 좋답니다.

엄마표 도마, 앤티크 소품으로 변신

우리 집 거실 한쪽에는 한식으로 꾸민 공간이 있답니다.

그 한식 공간 한쪽, 화분을 올려놓은 앤티크한 느낌의 트레이가 있습니다.

손때가 묻은 듯 반질반질한 이 트레이는

친정엄마가 쓰시던 오래된 통나무 도마를 리폼한 거랍니다.

얼마만큼 오래되었느냐 하면, 저랑 동갑내기 친구라고나 할까요?

자, 그럼 변신 과정을 보겠습니다.

스테인, 바니시, 붓, 스펀지, 낡은 도마, 긁힘 방지 스티커, 사포

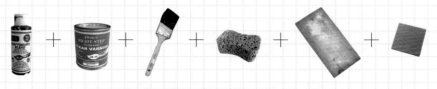

TIP!

준비물 중에서 가장 중요한 것은 '스테인'이랍니다. 스테인은 원목에 바르는 마감재로 나뭇결을 살리면서 원하는 색깔을 낼 수 있어요. 페인트가 나뭇결을 다 덮어버리는 것과 달리 스테인을 바르면 훨씬 더 내추럴한 멋을 살릴 수 있지요. 스테인 원액을 스펀지에 묻혀 나무 표면에 쓱쓱 문지르면 되는데, 여느 페인팅 작업보다 훨씬 쉽답니다.

이렇게 하세요

01>>
변신 전 목욕재계. 수세미로 박박 문질러 낡은 도마의 때를 벗깁니다. 나무가 물을 많이 머금으면 뒤틀릴 수도 있으니 빠른 시간 안에 하세요. 그런 다음 말리세요.

02>>
반쯤 말랐을 때 사포로 문질러 표면을 매끄럽게 만듭니다. 완전히 말랐을 때 하는 것보다 부드럽고 먼지가 덜 날려요. 다시 완전히 바싹 말리세요.

03>>
스펀지에 스테인을 묻힌 후 도마에 쓱쓱 바르세요.
★ 저는 친환경 무독성 스테인 '월넛' 색상을 썼어요.

04>>
전체적으로 한 번 바른 모습. 완전히 말린 다음 덧칠하세요. 빨리 마르니까 오래 기다리지 않아도 돼요.

05>>
두 번 바른 모습입니다. 스테인은 횟수를 거듭할수록 색이 진해져요. 원하는 색이 나올 때까지 되풀이합니다.

06>>
도마로 쓰던 것이라 깊이 파인 자국도 종종 있어요. 파인 자국에는 스테인을 붓에 묻혀 바르세요.

07>>
여섯 번 덧칠한 모습이에요. 색감이 딱 제 마음에 듭니다.

08>>
마지막으로 바니시로 마감하기. 그런 다음 바싹 말리면 끝이랍니다. 도마 바닥에 긁힘 방지 스티커를 붙이는 센스도 발휘하시길.

센스 있는 손님 초대 장식, 초록이로 꾸민 센터피스

상차림을 잘해놓은 인테리어 화보를 보면

아무래도 가장 중심이 되는 장식인 센터피스에 제일 먼저 눈길이 가기 마련이지요.

저는 사실 '센터피스'라는 말 자체를 알게 된 지도 얼마 안 되었고,

상차림 기본 요령 같은 걸 배워본 적도 없어요.

하지만 제 식대로 센터피스를 만들어봤답니다. 근사하죠?

어느 날 갑자기 친구가 놀러 온다며 어디로 나가지 말고

집에서 차나 한잔 마시자고 전화를 했네요.

맞아요, 나이가 들면서 근사한 카페에 가도

마음은 빨리 집으로 오고 싶은 아줌마들.

그러다 보니 집에서 만나는 게 제일 속 편하더라고요.

친구가 도착하기를 기다리는 동안 딱히 할 일도 없고 해서

식탁에 조촐하게나마 제 식대로 센터피스를 꾸며봤어요.

초록이들로 말이에요.

그리 화려하진 않아도 나름대로 싱그럽고 풍성한 식탁이 되었네요.

잠시만 앉아 있다 돌아가겠다던 친구와의 이야기는 꼬리에 꼬리를 물고

창밖이 깜깜해지도록 계속되었어요.

얼렁뚱땅 마련한 상차림을 보고

"내가 너무 귀한 사람 대접 받는 것 같다"며 활짝 웃던 친구의 얼굴.

'친구야, 다음에 우리 집에 올 때는 더욱 예쁜 상차림으로 너를 맞아줄게.'

01 >>
제일 가운데는 '물상추'를 가득 띄운 수반에 빨간색 초를 놓았어요.
양쪽으로는 초록색이 너무 예쁜, 풍성하게 자란 '셀라기넬라'를 놓았
고요. 이렇게 촛불을 켜놓으니 아무리 생각해도 너무 멋지네요.

02 >>
한쪽 끝에는 커다란 대나무통에 물을 담고 접란 가지 몇 개를 잘라
꽂았답니다.

우리 집 실내 습도는 수경 재배로 OK!

겨울이면 건조한 날씨에 난방까지 하다 보니 목이 칼칼하고 코가 자주 막히지요.

물론 가습기가 있긴 하지만, 생각만큼 관리하기가 쉽지 않다는 말씀.

잘못하면 오히려 건강을 해친다는 것을 우리는 알고 있습니다.

그래서! 가습기 대신 집 안 습도를 높일 수 있는

친환경적인 방법인 수경 재배로 화초를 키워보자, 이겁니다.

겨울철 난방을 하는 실내에서 수경 재배를 하다 보면

금세 물이 많이 줄어드는 걸 볼 수가 있어요.

이건 물이 공중으로 그만큼 증발된다는 의미인데,

바꿔 말하면 가습 효과가 생기는 것이지요.

실내 여기저기에 수경 재배로 화초를 키우면 확실히 가습 효과가 있어요.

수경 재배는 말 그대로 물에서 식물을 키운다는 뜻이에요.

흙에 화초를 키우다 물을 잘못 줘서 실패한 적이 있는 분,

흙 만지기가 싫고 벌레가 생기는 걸 싫어하는 분께 적극 추천하는 방법이에요.

과연 화초가 물만 먹고 살 수 있냐고요? 네, 살 수 있어요.

더 건강하게 키우려면 가끔 영양 보충을 해주면 되는데,

일주일에 한 번 정도 액체 비료(꽃집에서 구입)를

물에 한두 방울 떨어뜨리면 된답니다.

겨울철엔 옷을 다 벗고 있는 것 같아 추워 보인다는 분도 계세요.

투명한 유리병이 추워 보여서 마음에 들지 않는다면, 집에 있는 그릇 중에

금이 가거나 구멍이 뚫린 것만 아니라면 수경 재배용으로 사용할 수 있어요.

저는 장식용 찻주전자에 아이비를 수경 재배해 현관 전실의

선반 위에 두었어요. 키가 큰 화병에 수경 재배한 개운죽을 거실에 두었고요.

뚜껑이 깨져 몸통만 남은 사기그릇엔 앤슈리엄을 넣어 침실에,

주워온 유리병엔 달러위드를 넣어 거실 TV장 위에 두었답니다.

겨울철에도 우리 집이 촉촉한 이유, 이제 아셨죠?

그럼, 간단하면서도 제대로 된 수경 재배 방법을 알려드릴게요.

빈 그릇, 화초, 하이드로 볼(수경 재배용)

 +  +

TIP!

하이드로 볼 대신 모래나 작은 돌, 맥반석 등도 좋아요.

이렇게 하세요

01>>

포트에서 화초를 빼낸 후 뿌리에 붙어 있는 흙을 모두 털어내세요. 상한 뿌리가 있으면 잘라내고요.

02>>

흐르는 물에 뿌리를 깨끗이 씻으세요. 욕조에서 샤워기를 사용하면 쉬워요. 흙이 나오지 않을 때까지 목욕시키세요.

03>>

수경 재배용 하이드로 볼을 준비하시고요. 1시간가량 물에 담그세요.

04>>

하이드로 볼을 여러 번 헹궈 깨끗이 씻은 다음 수경 재배할 그릇에 담습니다. 그릇에 화초를 넣고 물만 부으면 완성!

화초가 중심을 못 잡고 이리저리 쓰러진다면

01>>

중심을 잡지 못하고 이리저리 쓰러지는 화초.

02>>

화초를 빼내고 그릇에 돌을 약간 깝니다. 그 위에 화초를 올려놓으세요.

03>>

화초가 가운데 위치하도록 손으로 잡고 빈 공간을 돌로 채웁니다. 돌이 지지대 역할을 하는 거예요. 그런 다음 물을 부으면 됩니다.

여름이면 저는 거실 한가운데 수경 재배 코너를 마련해서
눈으로나마 더위를 누그러뜨린답니다.
똑같은 기온이라 해도 시각적으로
청량감을 느끼면 실제로 체감온도가 내려간다고 해요.
같은 모양의 유리병에 각각 다른 식물을 키우거나
모양이 제각각인 병에 같은 식물을 키우면 더욱 멋지답니다.

🌱 **알아두세요!**

❶ 같은 화초라도 흙에서 키우는 것과 물에서 키우는 것은 다른 점이 있어요. 예를 들어 아이비의 경우, 흙에서 키울 때는 흙
 을 다소 건조하게 관리해야 잘 자라지만 수경 재배할 경우엔 물만 채워주면 금세 뿌리를 내리고 잘 자란답니다.

❷ 물을 갈아주는 주기는 따로 없어요. 물이 줄어든 만큼 그때그때 보충하면 된답니다. 물이 많이 줄지 않았다 해도 물빛이
 탁해졌다면 바로 갈아주세요. 이때 식물을 꺼내 흐르는 물에 뿌리를 씻어주면 좋아요. 그릇도 함께 닦으면 더 좋겠지요.

❸ 햇빛이 밝게 비추는 곳에 두면 물이끼가 생기기도 한답니다. 그래서 수경 재배를 할 때는 해가 많이 비추는 창가보다 해
 가 덜 들어오는 안쪽에 두는 게 좋아요. 이끼가 생기면 화초의 뿌리와 돌을 씻어서 다시 넣으면 됩니다.

❹ 이런 방법으로 수경 재배를 할 수 있는 식물로는 알로카시아 아마조니카, 달개비, 행운목, 싱고늄, 수선화, 히아신스, 사프
 란, 튤립, 스킨답서스, 스파티필룸, 아이비, 고구마, 호야, 테이블야자, 앤슈리엄, 개운죽, 산세비에리아, 양파 등이 있습니다.

수생식물로 자연 정화되는 친환경 수족관

"엄마, 우리도 물고기 좀 키우자, 응?"

그동안 저를 어르고 협박하고 달래고 투쟁하기를 반복하던 딸 유민 양이

드디어 소원을 이루었어요.

수생식물을 이용한 친환경 아쿠아리움을 만들어주었거든요.

산소 발생기도, 여과 장치도 필요 없어 더욱 편리하지요.

사실 집 안에 수족관 시설을 제대로 갖추려면 자금 압박이

만만치 않다는 사실. 하지만 딸 유민 양이 하도 소원하는 일이라 고민하다가

요리조리 머리를 굴린 끝에 탄생한 야심작이라고나 할까요?

김치통과 수생식물을 이용한 친환경 아쿠아리움.

우리 집에 새로 생긴 초미니 아쿠아리움은 '구피'와 '애플스네일'의

아늑한 보금자리예요. 그런데 산소 발생기나 여과 장치가 안 보인다고요?

산소 발생기 없이도 물고기가 잘 살 수 있는 비밀은,

물 위에 띄워놓은 식물 때문이랍니다.

식물이 광합성 작용을 해 물속에 산소를 공급,

물고기에게 도움을 주는 거지요.

우리 집 구피들이 산소 발생기 없이도 잘 살 수 있는 이유는 바로 이 때문이에요.

신나게 헤엄치는 구피와 우아하게 기어 다니는 애플스네일.

정말 신기하지요? 식물의 세계는 알면 알수록 신비롭답니다.

김치통, 물고기, 아이비, 물상추, 장식용 돌

이렇게 하세요

01>>
준비한 김치통에 예쁜 색깔의
돌을 깔아요. 그냥 예뻐 보이기
위해서랍니다.

02>>
물고기를 넣습니다. 구피 녀석
들, 새집에 들어가니 어리둥절
한가 봅니다.

03>>
물상추예요. 뿌리가 아주 튼실
해 보이죠? 하나씩 김치통 안
에 넣으세요.

04>>
물상추를 물 위에 동동 띄웁니
다. 위에서 보니 작은 연못 같은
느낌인데요.
★ 여기서 끝내도 돼요.

05>>
수경 재배하던 아이비 몇 줄기
를 넣을 거예요. 김치통의 튀어
나온 잠금장치 부분도 가릴 겸
말이지요. 아이비 뿌리는 이렇
게 생겼어요.

06>>
아이비 몇 줄기를 퐁당 집어넣
은 모양. 물상추만 있을 때보다
더 예뻐 보이지요?

TIP!

전 국민이 애용해 최고의 인기를 누리던 그 '락앤
락' 대형 김치통이랍니다. 거의 새것인데 친정엄
마가 너무 많다면서 제게 넘기신 거예요. 반투명
용기도 있지만 어항으로 쓸 거니까 투명한 것이
좋아요. 플라스틱이라 가볍고 깨질 염려도 적답
니다.

물상추 뿌리 사이를 신나게 헤엄치는 구피,
그리고 물속 청소부 역할을 하는 애플스네일 녀석들.
물을 자주 갈아주지 않아도 되고, 비린내도 거의 나지 않고,
인공적인 장치도 필요 없어 에너지도 절약되지요.
집 안에 쓰지 않는 커다랗고 투명한 그릇이 있다면
식물을 띄워 예쁜 아쿠아리움을 만들어보세요.

🌿 **알아두세요!**

물상추는 성장이 빠른 편이라 뿌리가 금세 자라요. 너무나 무성해진 뿌리가 보기 싫다면 가위로 짧게 자르세요. 그래도 아무 문제 없이 잘 자란답니다. 그리고 물상추는 밝은 햇빛을 봐야만 예쁘게 자라요. 집 안에 일조량이 부족하다면 물상추 말고 반음지에서도 잘 자라는 스킨답서스, 행운목, 아이비, 접란을 대신 이용하세요.

실제로 저와 제 이웃에 사시는 분들, 그리고 블로그 이웃 중 여러 분이 이 같은 방법으로 관상어를 키우고 있어요. 모든 열대어가 다 이런 방법으로 살 수 있는지는 모르겠지만 구피, 오토싱, 야마토새우, 피시피시, 애플스네일이 한집에서 너무도 건강하게 잘 살고 있답니다. 금붕어도 이런 방법으로 잘 크는데, 이 녀석은 따로 키우세요. 다른 물고기와 함께 키우면 먹이로 알고 모두 먹어버린답니다. 저는 2주일에 한 번씩 약간 미지근한 수돗물을 이용해서 부분적으로(1/3 정도) 물을 갈아줘요. 보통 때는 물이 줄어드는 만큼 조금씩 보충해준답니다.

화분 배치만 잘해도 근사한 미니 정원

이번에는 집 안의 화분 배치 방법을 공부해볼까요?
집 안 여기저기 볼품없이 놓여 있는 화분을 한곳에 모아봐요.
작은 노하우만 더한다면 훨씬 풍성하고
보기 좋은 미니 정원을 만들 수 있어요.

01>>

베란다 한쪽의 모습. 보통 그럴듯 버리기엔
아깝고 쓰자니 내키지 않는 물건의 집합소
네요. 햇빛 잘 드는 베란다를 정원으로 꾸밀
거예요. 인테리어의 기본이 청소라는 것, 잘
아시죠? 현재 쓰지 않는 물건은 과감하게
버리세요. 나중에 쓰겠지 하고 가지고 있어
봐야 집 안 한쪽 구석은 어느새 고물상으로
변할 뿐입니다.

02>>

정말 쓸 물건만 빼고 모두 깨끗하게 처리했
습니다. 그런데 가운데 보이는 크고 미운 화
분. 디자인도 색상도 정말 별로인 시퍼런 고
무 화분이 목에 걸린 생선뼈처럼 제 마음을
아프게 찌르네요. 이만한 크기의 멋진 화분
을 새로 사려면 큰돈이 든다는 거 아닙니까!
하지만 방법은 있지요.

03>>

보기 싫은 큰 화분을 가리는 가장 효과적인
방법은 가리고 싶은 화분과 높이가 비슷하
거나 약간 더 키가 큰 화분을 앞쪽에 배치하
는 거예요.

04>>

화분 하나로 다 가릴 수 없다면 옆에 비슷한
크기의 화분을 하나 더 놓으세요. 자, 이렇게
하고 나니 보기 싫은 화분이 어느 정도 가려
졌죠? 그런데 이대로는 뭔가 좀 부족한 거
같아요. 너무 썰렁해 보이잖아요.

05>>

그렇다면 앞쪽에 다른 화분을 더 놓아볼까
요? 키가 좀 작은 화분을 몇 개 놓아도 좋겠
네요. 하지만 화분만 계속 늘어놓으면 별로
멋이 없어요.

06>>

이럴 땐 화분보다는 집 안에 있는 여러 가지
소품을 함께 배치하는 게 훨씬 보기 좋답니
다. 적당한 높이의 의자나 나무 상자도 괜찮
아요.

작은 인형이나 물뿌리개, 빗자루, 양동이, 흙이 묻은 장갑 등
가드닝 도구도 요기조기 놓아보세요.
식물을 심은 화분만 빽빽하게 배치하는 것보다는
다양한 물건을 살짝 곁들여 늘어놓으면
베란다 표정이 훨씬 풍부해진답니다.

🌱 **알아두세요!**
'화분을 어디에 놓아둘까?' 미리 배치도를 그려보는 것도 좋지만, 일단 마음이 가고 손이 가는 대로 직접 이렇게 저렇게 배치해보는 방법을 권해요.
소품도 놓다 보면 요령과 함께 리듬감이 생기지요. 사실 특별한 공식이라는 게 어디 있나요? 내 맘에 들고 내 눈이 즐거우면 그게 바로 최상의 디스
플레이. 아, 그래도 기본 공식이 하나 있긴 하네요. '키가 큰 것은 뒤쪽에, 작은 것은 앞쪽에 배치한다'는 것.

Bravo, my life

초록 나라의 여왕,
수백여 개 화분의 엄마

지난 일주일 동안 일부러 베란다 청소를 한 번도 하지 않았어요. 그냥 그러고 싶었지요. 덕분에 팔다리는 편했지만 결과는 끔찍하네요. 먼지랑 머리카락이랑 흙이 뒤엉켜 베란다에 카펫을 만들어놓았기 때문이에요.

블로그에 올린 사진을 보신 분들이 항상 베란다가 이렇게 깨끗할 수 있느냐고 하지만, 사실은 그렇지 않답니다. 큰 화분 덩어리만 보기 좋게 배치하고 사진을 찍기 때문이지요. 먼지나 흙가루가 어디 카메라에 잡히나요? 자리를 잡지 못한 화분, 구렁이처럼 길게 늘어진 호스, 흙 묻은 비닐봉지 등이 베란다 구석구석에 늘 숨어 있답니다. 어젯밤에는 시린 손을 호호 불어가며 분갈이를 여러 개 했어요. 너무 추워서 중간에 방으로 뛰어 들어가 스웨터를 걸치고 나와 아주 열심히 했지요. 따뜻한 낮엔 뭐 하고 한밤중에 난리냐고 제 자신에게 물었지만, 저도 모른다네요. 이럴 때는 아무 생각도 하지 않아요. 아니, 할 수가 없어요. 완전한 무아지경의 상태랄까요?

'지금 내가 홀로 흙을 만지며 맛보는 은밀한 즐거움을 누가 알까? 이 순간 세상에 나보다 더 행복한 사람이 어딨겠어?' 하는 자아도취가 짧지 않은 시간 동안 계속되었답니다. 아침이 되면 여기저기 뒹구는 빈 화분과 더러워진 바닥이 저를 기다리지만, 간밤에 제가 얼마나 즐거웠는지를 생각한답니다. 저를 이해할 수 없는 주책바가지라고 해도 할 수 없어요. 화초와 흙은 언제나 저를 흥분케 하니까요.

물론 매 순간 즐겁기만 한 것은 아니에요. 이렇게 우글우글 많은 화초를 보면 봄이 오는 게 겁나기도 하지요. 대대적으로 분갈이를 하고, 비료도 주고, 번식도 시키고, 더 이상 집 안에 화초를 둘 곳이 없으니 분양해주면 잘 키울 사람이 있나 알아보기도 해야 하고요. 그렇게 한창 손이 많이 갈 때가 마침 직장에서 새 학기가 시작될 때와 맞물려 이래저래 바쁘다 보니, 가끔 코피도 쏟고 입안이 다 부르트기도 해요.

그럼에도 불구하고 이 일은 늘 행복하답니다. 바깥 기온이 뚝 떨어져 사람들이 종종걸음을 치는데도 저는 베란다 벤치에 느긋하게 앉아 우아하게 '우동차'(저는 겨울에 뜨끈한 우동 국물을 커피 잔에 마시는 걸 좋아해요)를 마시며 등 뒤로 쏟아지는 햇살을 음미합니다. 초록 나라의 여왕이 된 기분이랄까…. 비록 눈썹도 안 그리고 무릎이 툭 튀어나온 운동복 바지에 맨발 차림이지만 말이에요.

담아두기만 해도 매력 만점,
내추럴 인테리어 소품

여러분의 집 꾸미기 취향은 어떤가요? 저는 모던하고 매끈한 분위기보다는

조금 거친 듯하면서도 자연스러운 분위기를 좋아하는 편이에요.

일명 '컨트리 스타일'에 열광하는 아줌마지요. 의외로 돈 들 일도 없답니다.

길에서, 주변에서 주워온 식물 소품과 말린 열매로도 훌륭한 데코를 할 수 있으니까요.

인테리어 소품을 파는 인터넷 쇼핑몰을 돌아다니는 일이

제 일상의 한 부분이죠.

마음에 드는 물건이 보인다 싶으면 설거지, 청소, 육아는

딴 나라 얘기가 되면서 시간 가는 줄 모르고 계속 클릭, 클릭, 클릭!

'지름신'이 내려 온몸을 휩싸기 일쑤고,

한번 눈에 든 물건이 있다 하면 밤잠까지 설칩니다.

여기저기서 '사실은 나도 그려' 하는 소리가 마구마구 들려오네요.

그래도 우리에겐 이성이란 것이 있어서 지갑 사정을 생각하게 만들지요.

맘에 드는 물건을 장바구니에 잔뜩 집어넣기만 하고

컴퓨터를 끈 다음 처진 어깨로 고무장갑을 낍니다. 흑흑.

그렇다고 좌절하기엔 너무 이르지요.

우리의 알뜰한 마음은 너무나 아름다운 거잖아요.

저처럼 해보실래요?

돈 들이지 말고 주위에서 멋진 인테리어 소품을 구해보자고요.

말린 꽃

인테리어 잡지 사진에는 말린 수국이 자주 등장해요. 처음 봤을 때는 별로였는데 자꾸 보다가 정이 들었는지 어느 순간, 너무 예뻐 보이는 거예요. 그래서 집에 피어 있는 수국 가지 몇 개를 잘라 말려봤죠. '호오~ 바로 이런 멋이었구나. 멋진걸?'

수국을 말릴 때는 꽃가지를 잘라 햇빛이 아주 뜨거운 여름철 자동차 안에 놓아두세요. 여름철 자동차 안 온도가 어떤지 아시지요? 당연히 지하 주차장에 있는 차는 말고요. 저녁때쯤 기가 막히게 잘 마른 수국을 만날 수 있어요. 수국 말리기에 하도 실패를 해서 생각해낸 제 아이디어인데, 효과가 아주 끝내준답니다.

그리고 말린 장미꽃은 어느 집에나 많이 있지만 어떻게 연출하느냐에 따라 더욱 근사한 인테리어 소품이 될 수 있어요. 저는 바구니를 여러 개 쌓아 올린 다음 맨 위에 자연스럽게 눕혀놨답니다. 색깔이 너무 진한 장미는 말렸을 때 까맣게 되어버려서 안 예쁘더라고요. 꽃송이가 너무 큰 것보다는 작은 종류가 더 예쁘게 잘 말라요.

찔레 열매

저희 친정 근처에 있는 공원 울타리에 가득한 찔레나무. 환경미화원 아저씨들이 겨울이 되기 전에 가지치기를 하는데, 그때 열매 달린 가지만 골라 주워왔어요. 가시를 없애고 깨끗이 샤워시킨 다음 거꾸로 매달아 줄기가 다 마를 때까지 기다려요. 빨간 찔레 열매의 보석 같은 어여쁨이 집 안을 한결 화사하고 포근하게 만들어준답니다.

겨울이 되면 모형 벽난로에 장작을 몇 개 올리고 그 뒤로 찔레 열매를 꽂아 불꽃 느낌이 나게 했어요. 집 안 분위기가 정말로 따뜻해진답니다. 혹은 하얀 꽃병에 가지만 몇 개 꽂아놔도 꽃 못지않은 아름다움이 흘러넘쳐요.

솔방울

제가 굉장히 좋아하는 아이템이랍니다. 잘생긴 녀석들만 골라 주워다가 먼지를 털고 바구니에 넣어두거나 선반 같은 곳에 서너 개씩 놓아두면 그렇게 멋질 수가 없어요. 송진이 묻었나 잘 살펴보고 손질하세요. 너무 지저분하면 샤워를 시키는데, 솔방울은 물이 묻으면 오므라드는 성질이 있어요. 하지만 바싹 마르면 다시 꽃잎처럼 펴진답니다. 신기하지요?

견과류 열매

호두, 가래, 복숭아 씨앗 말린 것 등을 투명한 유리병이나 컵에 넣어 조르르 진열해보세요.
이런 열매들이 생기면 저는 먹는 것보다 소품으로 쓸 생각부터 한답니다. 이거 틀림없이 무슨 병에 걸린거죠?

코르크 마개

저는 와인병을 막았던 이 코르크 마개도 엄청 좋아해요. 그래서 술은 전혀 못하지만 생기는 대로 다 모아두는 버릇이 있답니다. 바구니에 모아놔도 예쁘고 선반 위에 죽 늘어놔도 좋은데, 제가 제일 좋아하는 모습은 투명한 유리컵에 여러 개 넣어두는 거예요.

· PART 4 ·

조금만 노력하면
나도 전문가

생명을 키우는 일은 거저 되는 것이 아니랍니다.

때로는 화초가 병들기도 하고, 기운 없이 시들시들 약해지기도 하고,

철이 지나 앙상해지기도 하지요.

이럴 때 조금만 신경을 쓰면 오래오래 함께하는 친구가 될 수 있답니다.

그렇다고 복잡하고 어려운 일도 아니에요.

100% 실전 경험으로 차근차근 알려드릴게요.

·01· 산타벨라식 벌레 퇴치법

화초 키우기 최대의 난적, '벌레' 얘기를 해볼까 합니다.
인터넷에서 벌레 퇴치 방법을 검색해보면 민간요법부터 맹독성 농약에 이르기까지
셀 수 없이 많은 방법이 있더군요.
저도 그중에 안 해본 것 없이 별의별 방법을 다 써봤습니다. 길게 말하지 않겠습니다.
가장 손쉽게 최대의 효과를 얻을 수 있는 방법은 저독성 살충제를 쓰는 것입니다.
산타벨라의 벌레 퇴치 방법, '이 벌레엔 이 약을 써라!'

❶ 이 벌레엔 이 약을 써라!

깍지벌레 증상
솜깍지벌레
갈색 깍지벌레

온실가루이
온실가루이의 알

❶ 진딧물

진딧물은 식물의 새순에 달라붙어 액을 쪽쪽 빨아먹는 작은 벌레입니다. 검은색을 띠는 것도 있고 초록색인 진딧물도 있습니다. 진딧물에는 '비오킬'을 쓰세요. 스프레이 타입이라 뿌리기만 하면 됩니다. 인체에 무해한 성분으로 가장 인기 있는 살충제예요. '코니도'도 괜찮아요.

단, 약을 사용하기 전에 체크할 것이 있어요. 아시다시피 진딧물은 개미와 공생 관계입니다. 집 안에 진딧물이 들끓는다면 개미가 있는지 살펴보세요. 저는 집 안 곳곳에 개미 퇴치약을 붙여놓았답니다. 그래서 저희 집엔 진딧물이 한 마리도 없어요.

❷ 깍지벌레(개각충)

식물의 잎이 설탕물을 뿌린 것처럼 윤이 나고 만져봤을 때 끈적거린다면 이건 깍지벌레의 만행입니다. 깍지벌레는 두 종류가 있는데, 갈색 깍지벌레와 솜깍지벌레입니다.
갈색 깍지벌레는 움직임이 거의 없고 등 쪽이 단단해서 어지간한 약은 안쪽으로 투입되지 않아 퇴치하기 힘들지요. 줄기에 붙어 있으면 색깔이 잘 구별되지 않으니까 두 눈 동그랗게 뜨고 보셔야 해요.
솜깍지벌레는 솜을 뒤집어쓴 것같이 생긴 녀석입니다. 만져보면 솜털이 늘어나는 것처럼 끈적해요. 새잎이나 줄기의 겨드랑이 부분에 잘 생겨요. 깍지벌레 살충제로는 '매머드'가 으뜸입니다.

❸ 온실가루이

굉장히 작은 흰 나방, 보이시죠? 이 녀석이 바로 온실가루이입니다. 주로 잎 뒷면에 알을 낳아요. 징글징글. 잎 뒷면의 검은색 알이 있다면 '방패벌레'의 알일 겁니다. 온실가루이와 같은 방법으로 없애면 되는데 '코니도'가 잘 듣습니다. '매머드'도 괜찮아요.

❹ 응애

응애로 피해를 입은 식물의 잎입니다. 잎에 작은 흰색 반점이 가득 생기지요. 응애는 너무 작아 사진으로 찍기가 힘들답니다. 벌레 중 제일 골치 아픈 녀석인데 완전 박멸이 어려워요. 응애에는 '파발마' 가 효과적입니다.

❺ 탄저병

식물의 잎에 타들어간 것처럼 갈색 반점의 얼룩이 생기는 것이 탄저 병입니다. 벌레 때문이 아니므로 살충제가 아닌 살균제를 써야 한답 니다. 병든 잎은 잘라내고 '베노밀'을 뿌리세요.

❻ 민달팽이

화초 잎에 구멍이 숭숭 나 있고 길게 반짝거리면서 뭔가 지나간 자 국이 생겼다면 민달팽이가 있다는 얘깁니다. 아주 징그러워요. 주로 밤에 활동하지요. 어쩌다 우리 집에 이 녀석이 나타나면 제 옆지기 아니면 딸 유민 양이 잡아줍니다. 저는 구석에서 바들바들 떨고 있지 요. 민달팽이 살충제로는 '팽이싹'이 좋아요. 일반 달팽이도 이 약으 로 퇴치합니다.

❼ 흰가루병

식물의 잎에 마치 밀가루를 뿌려놓은 듯한 증상이 나타나곤 하는데, 이것은 식물이 흰가루병에 걸렸기 때문입니다. 흰가루병은 충해가 아닌 병해이기 때문에 살균제를 써야 하는데 '베노밀'이 잘 들어요.

🌱 알아두세요!

지렁이는 흙을 비옥하게 만들어주는 고마운 녀석이에요. 저도 기어다니는 건 다 싫습니다만, 이 녀석은 꼭 없애야 한다고 말하기가 어 렵네요. 화초를 잘 키우려고 일부러 토룡토(지렁이가 먹고 배설한 흙으로, 나쁜 이물질을 분해하는 성분과 영양 물질이 가득 들어 있 어요)를 비싼 값에 사서 쓰는 사람도 있으니까요. 화분에 물을 지나치게 많이 주지 않는 한, 밖으로 나오는 경우는 거의 없으니 그냥 같이 살면 어때요? 얼마 전 TV에서 보니 어떤 분은 애완동물로 지렁이를 키우던걸요.

② 살충제 물에 희석하는 방법

살충제는 대부분 물에 섞어서 사용해요. 살충 효과를 제대로 보려면 설명서에 나와 있는 그대로 하는 게 모범답안입니다. 살충제 사용 설명서를 보면 '약 00g을 물 00L에 섞어 사용하라'는 식으로 나와 있답니다. 또 희석액은 바로바로 다 써버려야지 오래 두면 효과가 없다는 것도 기억하세요.

재료

약병, 빈 페트병(0.5L, 1L, 1.5L 등), 분무기

이렇게 하세요

01>> 살충제를 병 눈금에 맞춰 필요한 양만큼 덜어냅니다.

02>> 비율에 맞게 물을 담은 페트병에 1을 넣습니다. 흔들어서 잘 섞으세요

03>> 2를 분무기에 담아 화초에 뿌립니다.

③ 살충제 뿌리는 방법

일단 벌레가 생긴 화초는 다른 화초와 격리시켜요. 약을 뿌릴 때에는 마스크와 장갑을 착용하는 게 좋고, 주변에 사람이 없는지도 확인하세요. 비율대로 희석한 살충제를 벌레가 보이는 부분 외에 잎의 앞뒤 면이나 줄기에도 빈틈없이 뿌려 줍니다. 흙에도 흠뻑 뿌리면 좋아요. 약을 뿌린 즉시 샤워시키지 마세요.

약을 뿌릴 때에는 바람이 불지 않는 곳에서 하는 것이 좋고 작업 직후에는 문을 열어 환기하세요. 벌레가 많지 않을 경우, 일주일에 한 번 정도 뿌리고 물 줄 때 샤워시키는 과정을 세 번 정도 반복합니다. 벌레가 많을 경우, 2~3일 간격으로 한 번씩 뿌리면서 물 줄 때 샤워시키는 과정을 2주 정도 계속합니다.

그리고 에어졸 타입의 약제를 사용할 때는 식물에서 30cm 정도 떨어져 뿌리세요. 너무 차가운 가스 때문에 어린 잎이 동해를 입을 수 있답니다.

병충해를 없애는 노하우

1

화초를 구입할 때는 잎의 앞뒤 면과 줄기를 꼼꼼히 살펴 벌레가 없는 것을 선택하세요. 화초에 물을 줄 때도 항상 벌레가 있는지 살피는 습관을 들이세요.

2

화초를 제대로 키우려면 비오킬, 코니도, 매머드, 파발마, 베노밀 등 기본 약제는 갖추어두세요. 약제는 꽃집이나 약국, 농약 상회(종묘 상회)에서 살 수 있고 인터넷으로도 구입할 수 있습니다.

3

화초에 수시로 물을 분무하는 것은 좋은 병충해 예방법입니다. 공기가 건조할 때 생기는 벌레가 많기 때문이에요.

4

'통풍이 잘되면 벌레가 안 생긴다?' 꼭 그렇지는 않답니다. 노지에서 자라는 식물에도 벌레가 많이 생기는 것을 보면 알 수 있지요. 물론 사람이나 화초나 건강을 위해 환기는 중요하지만요.

5

마늘이나 담배를 다져 우린 물, 목초액, 우유, 요구르트, 설탕물, 수박이나 오이 껍질 등 민간요법은 사실 큰 효과가 없어요. 미관상 보기 싫고 냄새가 역할 뿐 아니라, 우유 등의 성분이 흙 속에 들어가면 흙이 산성화되어 좋지 않아요. 심지어는 다른 벌레가 생길 수도 있어요.

6

잦은 농약 사용은 흙을 산성화시켜 좋지 않아요. 항상 벌레가 있는지 살피는 습관을 들여 초기에 발견하세요. 벌레가 심하지 않다면 알코올이나 과산화수소를 솜에 묻혀 닦아내거나 칫솔로 털어 내도 효과가 있답니다.

7

농약 상회에 가서 ❷번에서 소개한 살충제를 달라고 하면 "별 효과가 없다. 강한 것을 쓰라"고 말하는 주인이 많아요. 예를 들어, 고독성 농약 '수프라사이드' 같은 것을 권해요. 그러나 이런 농약을 가정에서 쓰기에는 위험한 점이 많아요. 물론 효과는 뛰어납니다. 하지만 이와는 비교도 할 수 없는 단점이 있지요. 보관을 아주 잘해야 하고, 참기 힘들 정도로 냄새가 심하고, 잘못하면 인체에 해를 입힐 수 있답니다. 아이나 노인이 있는 집은 절대로 삼가세요.

8

흙 속에 벌레가 있다면 분갈이를 하셔야 해요. 일단 식물의 뿌리를 모두 들어내서 흙을 털어버린 후 뿌리에 약을 흠뻑 뿌리세요. 눈에 보이지 않는 벌레 알 같은 게 뿌리에 붙어 있을 수도 있기 때문입니다. 원래 있던 화분 속의 흙은 모두 버리고 화분만 다시 쓰려면 깨끗이 닦은 후 사용하세요. 그런 다음 꽃집에서 파는 깨끗한 흙에 다시 심으면 됩니다.

9

식물에 생기는 벌레가 사람에게 직접 해를 입히지는 않아요. 다만 스트레스를 주지요. '이런 거 다 신경 쓰면 귀찮아서 어떻게 화초를 키우나' 하고 생각하는 분들 계시지요? 하지만 일단 시작해보면 그리 어렵지 않아요. 이런 말이 있잖아요. "가치있는 일에는 시간과 수고가 따르는 법이다."

·02· 건강한 화초 만드는 비료의 모든 것

농사를 짓는 것도 아닌데 실내 원예에서 비료가 왜 필요하냐고 묻는 분들이 계세요.
하지만 절대적으로 필요합니다. 왜냐! 사람과 마찬가지로 식물도 자라면서 지속적으로
영양이 필요하기 때문이지요. 화분이라는 한정된 공간 안에서 자라다 보면
시간이 지남에 따라 영양분이 부족해져서 식물이 건강하고 아름답게 자랄 수 없답니다.
비료를 공급해야 제때 예쁜 꽃도 피우고 열매도 맺는 것이니까요.

① 비료의 종류

고형 비료
아기 감자같이 생긴 비료입니다. 화분의 흙 위에 서너 개씩 얹어두면 물을 줄 때마다 조금씩 녹아 흙 속으로 흘러들어 영양이 공급된답니다. 녹는 속도가 아주 느리고 효과 또한 서서히 나타나지요. 저는 거의 모든 화분에 1년 내내 사용해요.

입자형 비료
작은 알갱이 모양의 비료입니다. 고형 비료와 마찬가지로 화분의 흙 위에 여러 알을 얹어두면 됩니다. 사용설명서에 나온 대로 식물과 화분의 크기에 따라 알갱이 양을 조절하면 돼요. 물을 줄 때마다 서서히 녹아 영양분이 스며드는데 고형 비료보다 효과가 빨리 나타나는 편이에요.

분말형 비료
고운 밀가루같이 생긴 비료로 물에 희석해서 사용합니다. 비교적 효과가 빠른 편에 속합니다.

앰플형 비료
액체 비료를 작은 용기에 담은 비료입니다. 물에 희석하지 않고 그대로 사용하면 돼요. 아픈 환자에게 링거를 놓듯 비실비실한 초록이 뿌리 근처에 꽂아둡니다. 액체라 빨리 스며드는 장점이 있지요.

희석액 비료
고농축 액체 비료로 물에 희석해서 사용합니다. 사용설명서에 나와 있는 비율대로 물과 섞어 사용하세요. 분무기에 담아 잎에 직접 뿌려도 좋아요.

🌿 **알아두세요!**
액체 비료는 효과가 빠르다는 장점이 있지만 가격이 비싼 편이고, 효과가 오래가지 못해서 고형이나 입자형 비료보다 더 자주 사용해야 하는 것이 단점입니다. 수경 재배를 할때 사용하면 좋아요.

② 비료 성분 보기

학교 다닐 때 열심히 공부했던 내용입니다. 비료의 세 가지 성분, 즉 질소·
인산·칼리. 이 세 가지 모두 식물에 필요하답니다. 다음과 같이 요약할 수
있겠네요.

질소 : 잎과 줄기를 튼튼하게 해준다.
인산 : 꽃을 많이 피우고 열매를 풍성하게 맺도록 도와준다.
칼리 : 뿌리를 튼튼하게 하고 병충해에 대한 저항력을 길러준다.

모든 비료의 성분은 숫자로 표시하는데, 오른쪽 사진처럼 '6-10-5'같은 식이랍
니다. 숫자는 '질소-인산-칼리' 순서로, 세 가지 성분의 비율을 표시한 것입니
다. 이 순서는 절대 바뀔 수 없는 국제적 약속이라고 해요.

🌿 비료를 줄 때 주의할 점

❶ 꽃이 피는 식물에 질소 성분이 많이 들어 있는 비료를 주었을 경우 잎만 무성해지고 꽃이 잘 피지 않아
요. 성분을 꼭 확인해서 질소 성분이 다른 성분보다 제일 낮은 것을 구입하세요. 퇴비가 많이 섞인 흙에
화초를 심었을 경우에도 꽃이 피지 않고 잎만 무성해지는데, 이는 흙에 질소 성분이 너무 많기 때문입니
다. 하지만 그렇다고 해서 화초에 문제가 생기는 것은 아니에요. 꽃을 보기가 다소 힘들다는 것밖에.

❷ 비료는 식물이 왕성하게 성장하는 봄과 가을에만 줍니다. 식물은 대부분 여름과 겨울에 잠깐 성장을 멈
추는 경향이 있기 때문이지요. 쉬고 싶은데, 자꾸만 잘 자라라고 비료를 주면 식물이 피곤해요. "지나
친 것은 부족한 것만 못하다"는 말을 기억하세요. 시도 때도 없이 욕심을 부려 비료를 주었다가는 영양
과다로 식물의 뿌리가 썩거나 줄기가 비실거릴 수도 있답니다. 3~5월, 9~11월이 비료 주기 좋은 시기예
요. 고형 비료는 워낙 조금씩 녹아 식물에 흡수되기 때문에 1년 내내 흙 위에 얹어놓아도 괜찮답니다.

❸ 1년 내내 꽃을 피우는 식물은 여름과 겨울에도 한 달에 한 번 정도 비료를 주세요.

❹ 반드시 사용 설명서에 씌어 있는 방법대로 하세요. 언제, 어떻게, 얼마만큼 비료를 주어야 하는지 궁금
하다면 꼭 사용 설명서를 읽어보세요. 그게 모범 답안입니다.

❺ 깻묵이나 퇴비, 동물의 분뇨 등도 좋은 비료입니다만, 냄새 때문에 실내에서 사용하기는 거의 불가능하
지요. 우유나 요구르트, 막걸리, (아무런 처리도 하지 않은) 음식 찌꺼기를 비료로 주는 분도 있는데 이거,
위험합니다. 흙이 산성화되어서 좋지 않고 벌레가 생길 확률이 높기 때문이에요. 조심!

❻ 산이나 들에 가면 낙엽 등이 썩어 생긴 천연 부엽토가 있어요. 그야말로 친환경 비료인데, 이것도 주의
하세요. 그 안에 동물이나 곤충의 알이 숨어 있는 경우가 많답니다. 나중에 벌레가 생기는 원인이 되기도
하니까 정말 조심하셔야 해요.

·03· 실내 화초를 위한 흙의 모든 것

실내에서 화초를 기르는 데 사용하는 흙은 가급적이면
전문 회사에서 상품으로 만들어 판매하는 것을 쓰세요.
이런 흙은 멸균 처리가 되어 있어 벌레가 생길 염려가 거의 없답니다.
가까운 꽃집이나 인터넷을 통해 쉽게 구할 수 있어요.
돈 좀 아껴보려고 산이나 밭의 흙, 또는 아이들 놀이터에 있는 모래 등을 퍼다가 사용할 경우
그 속에 보이지 않던 벌레나 알이 부화하면서 해충이 생길 위험이 아주 높지요.

분갈이용 흙

분갈이용 흙은 포장지를 보면 배양토, 상토, 혼합토, 분갈이 흙 등 여러 가지 이름이 있지만
실제로 써보면 그리 큰 차이는 없어요. 어느 것을 써도 괜찮답니다. 이 흙들은 가정에서 쉽게
사용하도록 여러 가지 흙을 비율에 맞게 혼합해놓은 거예요. 회사마다 배합 비율이 약간씩 다
를 수는 있어도 큰 차이는 없답니다.
단, 주의할 점이 있어요. 배양토와 상토에는 두 가지 종류가 있다는 거예요. 같은 배양토도 그
냥 분갈이용 배양토가 있고 영양분이 없는 꺾꽂이용 배양토도 있어요. 꺾꽂이용 배양토로 분
갈이를 할 경우, 영양분을 공급하기 위해 새 흙에 옮겨 심는 분갈이의 목적이 사라지는 셈이
지요. 상토에도 그냥 사용할 수 있는 분갈이용 상토가 있고, 다른 흙과 섞어 쓰는 퇴비 상토가
있어요. 꽃집 주인 중에 이 사실을 모르는 사람도 많아요. 그러니까 포장지 뒷면의 사용 설명
서를 읽어보고 구입하세요.

마사토

쉽게 돌가루라고 생각하면 됩니다. 입자가 굵다 보니 물을 주었을 때 입자 사이로 물이 금세
빠져버리지요. 즉 배수성이 좋다는 뜻입니다. 대신 보수력은 거의 없어요. 화초를 심을 때 화
분 제일 아랫부분에 마사토를 깔아 배수층을 만들면 물이 더욱 잘 빠지고 통기성도 좋아져요.
물이 잘 안 빠지는 흙을 바꿔주거나 '물 빠짐이 좋은 흙에 심으라'고 하는 화초를 심을 경우
마사토를 섞어 사용하면 아주 좋아요.
마사토가 담긴 포장지를 뜯어보면 마사만이 아니라 흙가루도 많이 섞여 있어요. 물이 잘 빠지
도록 입자가 굵은 마사토를 쓰는 건데 고운 흙가루가 많이 섞여 있으면 물이 빠지는 데 문제
가 생기지요. 그래서 어떤 분은 마사토를 꼭 물에 씻어서 쓰라고도 해요. 그것도 좋은 방법입
니다. 저는 씻는 게 귀찮아서 마사토가 담긴 봉지의 위쪽 끝을 잡고 여러 번 바닥에 내리쳐 고
운 흙이 밑으로 내려가게 해 마사토와 흙을 분리해서 사용하고 있답니다. 이것이 번거롭다면
세척 마사토를 구입하세요.

부엽토

나뭇잎이나 나뭇가지 등이 분해되어 생긴 흙을 말하는데, 물이 잘 빠지고 영양분이 많이 들어
있어요. 사용할 때에는 다른 흙과 적당히 섞어 쓰는 것이 좋은데, 분갈이용 흙에는 거의 부엽
토가 알맞게 들어가 있답니다.

바크

나무껍질이에요. 나무껍질을 높은 온도에서 찐 다음 발효시켰기 때문에 병해충 염려는 없답니다. 난석처럼 배수성, 보수력, 통기성이 모두 좋아 배수층을 만들 때 사용하거나 화분의 흙 위에 얹어 자연스러운 모습을 즐기기도 합니다. 일반적으로 서양란을 심을 때 가장 많이 사용하지요. 영양분이 거의 없는 편이어서 바크에 식물을 심었다면 성장기인 봄과 가을에 비료를 주는 게 좋답니다.

난석

배수성, 보수력, 통기성이 모두 좋은 흙으로 동양란을 심을 때 사용하거나 화분 맨 아랫부분에 넣어 배수층을 만들어주기도 합니다. 난석은 굵기가 대, 중, 소로 나뉘어 각각 따로 포장되어 있는데 화분에 넣을 때는 큰 것부터 작은 것 순서로 넣어요. 영양분이 없기 때문에 난석에 식물을 심었을 경우 성장기인 봄과 가을에 비료를 주는 게 좋아요.

하이드로 볼

진흙을 구워 뻥튀기한 흙이라고 생각하면 됩니다. 배수성과 보수력이 좋아서 화분의 배수층을 만들 때 쓰거나 화분의 겉흙을 덮어 장식하기도 해요. 붉은빛이 도는 진흙 색상을 좋아하는 분은 투명 용기에 식물을 넣고 하이드로 볼을 채워 수경 재배를 하기도 하지요. 수경 재배를 할 때는 꼭 물에 씻어서 사용하세요. 영양분은 전혀 없답니다.

피트모스

물속의 이끼류나 수생식물 종류가 오랜 시간 퇴적되어 만들어진 자연 유기물입니다. 무게가 가벼워 다루기 쉽고 통기성과 보수력이 아주 좋다는 장점이 있는가 하면, 한번 완전히 건조된 다음에는 물을 흡수하기가 어려워지는 단점도 있답니다. 피트모스는 보수력이 너무 좋아 자칫 과습될 우려가 있기 때문에 배양토나 마사토 등과 섞어 사용하는 것이 안전해요. 흙이 습한 상태를 좋아하는 식충식물을 심을 때 사용하면 좋아요. 영양분은 없습니다.

여러 가지 장식 돌

색깔과 모양도 가지가지. 장식 돌은 식물을 한층 돋보이게 해주는 역할을 할 뿐 아니라, 좋은 기능을 가진 경우도 있어요. 조심할 것은, 사용하기 전에 반드시 한 번 이상 물에 씻은 다음 써야 한다는 것. 하지만 사실 저는 식물을 흙에 심어서 기를 경우 장식 돌은 일절 올려두지 않는답니다. 보기에는 예쁘지만 화분의 흙 상태를 정확히 알 수가 없어서 물 주는 시기를 체크하기가 어렵기 때문이지요. 장식 돌을 지나치게 많이 사용하면 식물의 새순이 나오는 데도 지장을 줄 수 있습니다. 흰색에 가까운 장식 돌일수록 시간이 지나면서 지저분해진다는 점도 염두에 두세요. 그러면 다 버려야 하냐고요? 아까우니까 깨끗이 씻어서 수경 재배할 때 이용하는 것도 괜찮답니다.

🌱 **알아두세요!**

난석과 바크는 배수성도 좋고 보수력도 좋다고 하니, 서로 상반되는 말 아니냐고 의아해하는 분이 분명 있을 겁니다. 배수성이 좋다는 말은, 난석과 바크의 입자가 커서 물을 주었을 때 입자 사이로 물이 금세 빠져나가기 때문에 과습될 염려가 없어 좋다는 것이고, 보수력이 좋다는 말은, 난석과 바크 입자 자체가 수분을 품고 있다가 천천히 식물에 공급하는 작용을 한다는 뜻입니다. 그래서 뿌리의 통기성이 좋아야 하는 동시에 수분을 필요로 하는 난을 심을 때 아주 적합하지요.

·04· 화초 특성 따라 고르는 화분

식물을 심는 화분은 실용성뿐만 아니라 인테리어 측면에서도 중요한 몫을 담당하지요.

그래서 화분을 선택할 때는 모양과 색상이 집 안 분위기와 어울리는지 먼저 생각하는 게 좋아요.

그리고 그 못지않게 중요한 것은, 화분이 그 안에 심을 식물의 특성과 어울리는지 여부랍니다.

무슨 말인지 모르시겠다고요?

예를 들어, 흙이 건조한 걸 좋아하는 식물은 높이가 낮고 크기도 작은 화분이 좋은데,

큰 화분을 선택했을 경우 그 안에 채워진 흙이 많아 잘못하면 과습으로 인한 문제가

생길 수도 있기 때문이에요. 줄기를 뻗어 길게 늘어지는 식물에는 어떤 모양의 화분이 좋을까요?

아래로 늘어지니까 키가 큰 화분이 좋겠지요.

이런 식으로 식물의 특성을 알고 화분을 고르면 된다는 말이랍니다.

플라스틱 화분

가볍고 가격도 저렴하고 색상과 모양이 매우 다양해요. 직사광선이 내리쬐는 곳에 내놓았을 경우 화분 속 흙의 온도가 올라가서 뿌리가 견디기 힘들고, 장시간 두면 좋지 않은 결과를 초래할 수도 있으니 조심해야 해요. 실내에서 사용할 때는 그런 문제는 없어요.

도자기 화분

무겁고 충격에 약해 잘 깨지고 가격도 비교적 비싼 편에 속하지만 점잖으면서도 우아하고 고급스러운 멋을 내는 데 최고랍니다. 요즘에는 크기도 작고 밝은 색상의 저렴한 도자기 화분도 많아서 선택의 폭이 넓어요.

옹기 화분

도자기가 고령토로 만든 그릇이라면 옹기는 황토로 만든 그릇이랍니다. 도자기는 공기가 통하지 않지만 옹기는 숨 쉬는 그릇이라고 해서 공기가 통해요. 운치 있고 예스러운 멋을 즐기기에 더없이 좋은 화분이지만, 옹기 역시 도자기처럼 충격에 약한 편이고 무겁다는 단점이 있지요.

🌿 알아두세요!

색상과 디자인에 안목이 뛰어난 사람이 아니라면, 화분의 색상은 식물의 초록색을 가장 돋보이게 해주는 화이트나 베이지, 브라운 계열이 무난해요. 진한 것보다는 연한 색상이 좋고, 디자인은 최대한 단순한 게 질리지 않아요. 화려한 꽃이 피는 식물이라면 그림이 없는 화분을 선택하세요. 식물이 자라는 모양이 변화무쌍하기 때문에 화분 디자인이 복잡하고 화려하면 식물 고유의 멋을 제대로 즐길 수가 없답니다.

화분 몸체에 비해 입구가 지나치게 좁은 화분은 피하세요. 나중에 분갈이할 때 뿌리를 쉽게 빼낼 수가 없어 화분을 깨야 하는 경우도 있습니다.

마블 화분

화분이 인테리어 측면에서 중요한 요소로 떠오른 요즘, 마블 화분이 그 어떤 화분보다 다양한 디자인과 화려한 색상으로 인기를 끌고 있답니다. 넓게 보면 플라스틱 화분이라고 할 수 있는 마블 화분은 우레탄이라는 화학물질로 형태를 만든 다음 겉에 페인트칠을 한 거예요. 페인트가 덜 마른 상태에서는 불쾌한 냄새가 나니까 마블 화분을 구입할 때 꼼꼼히 살펴보세요. 그렇다고 식물에 문제가 생기는 것은 아니에요. 진한 색상의 마블 화분은 시간이 지나면서 탈색되기도 한답니다. 도자기 화분이 너무 무거워서 관리하기 힘들다면 멋진 모양의 마블 화분으로 바꿔보세요. 무게가 아주 가볍다는 장점이 있거든요.

테라코타 화분

식물을 재배할 때 가장 이상적인 화분으로 알려진 테라코타 화분(토분)은 흙으로 빚은 다음 유약을 바르지 않고 초벌구이만 한 화분이에요. 여러 화분 가운데 숨을 가장 잘 쉬는 재질이기 때문에 식물이 자라는 데 좋은 환경을 만들어준답니다.

테라코타 화분은 안쪽의 수분을 흡수해서 밖으로 배출하는데, 이렇게 되면 과습 걱정을 덜 수 있어요. 반면 그 과정에서 화분 표면에 푸르고 희끗희끗한 얼룩이 생겨 지저분해질 수 있지요. 하지만 그런 모습 자체를 자연스러운 현상으로 받아들여 오히려 더 좋아하는 분도 있어요. 테라코타 화분은 화분 속 흙이 금세 건조해지고, 무거운 편이며, 충격에도 약해 도자기나 옹기보다 더 잘 깨지는 단점이 있답니다.

🌿 화분에 대한 오해

'플라스틱 화분과 도자기 화분은 공기가 통하지 않아 식물의 뿌리가 숨을 쉬지 못하게 하므로 안 좋다'는 말을 많이 듣지요. 식물의 뿌리만 생각한다면 플라스틱이나 도자기 화분보다는 옹기나 토분이 훨씬 더 좋은 게 사실입니다만, 실제로 식물의 호흡과 화분을 연결해서 본다면 이 말은 그리 바른 표현이 아닙니다. 왜냐하면 모든 식물의 호흡은 대부분 잎에 있는 기공을 통해 이루어지기 때문이지요. 식물의 뿌리에도 기공이 있기는 하지만 대부분은 잎(뒷면)에 있기 때문에 어떤 화분에 심더라도 식물의 호흡에 문제가 생기지는 않는답니다.

· 05 · 분갈이

❶ 작은 화분 분갈이

화초도 보기 좋은 화분에 심으면 훨씬 아름다워 보인답니다.

하지만 분갈이를 하는 가장 큰 목적은 화초의 생존과 직결돼요.

화초가 점점 자람에 따라 알맞은 크기의 집으로 옮겨주어 편안하고 건강하게 살라는 뜻이지요.

화초를 위한 예쁘고 편안한 새 옷 입히기, 이제부터 꽃집에 맡기지 말고 직접 해보세요.

재료

화분, 가위, 꽃삽, 망, 분갈이용 흙, 마사토

01>>
아이비를 옆에 있는 하얀 화분에 옮겨 심을 거랍니다. 새 화분은 기존 화분의 2배 정도 큰 것이 좋아요. 너무 크면 맞지 않는 옷을 입은 것처럼 보여 밉답니다.

02>>
화분 가장 밑에 망을 까세요. 망위에 1/5 두께로 마사토를 넣으세요. 물이 잘 빠지도록 배수층을 만드는 거예요.
★ 망 대신 부직포나 양파 자루를 잘라 써도 된답니다.

03>>
그 위에 분갈이용 흙을 넣으세요. 흙은 사용한 적이 없는 새 흙이어야 해요. 마사토를 깐 나머지 공간의 반 정도면 됩니다. 손으로 흙을 살살 다지면서 넣으세요.

04>>
포트에서 화초를 빼내야겠죠? 손으로 포트 몸체를 돌려가면서 꾹꾹 누르세요. 이렇게 하면 뿌리 부분이 포트에서 떨어진답니다. 아래쪽 줄기를 움켜잡고 천천히 빼내세요.

05>>
더 이상 뿌리를 뻗을 곳이 없어서로 뒤엉켜 있는 가여운 모습. 이대로는 건강하게 못 살아요.

06>>
뿌리에 붙어 있는 흙은 일부러 다 털어내지 않아도 돼요. 말랐거나 썩은 뿌리가 있으면 가위로 잘라낸 다음 새 화분에 넣으세요.

07>>
화분의 빈 공간에 다시 분갈이용 흙을 채우세요. 조금씩, 천천히 손으로 누르면서 하세요. 이때 뿌리가 흙 속에 모두 파묻혀야 한답니다.

08>>
화분 끝까지 흙을 다 채우지 말고 **3cm 정도 공간을 남기세요.** 새 옷을 입은 아이비예요.

🌿 Water Space?
흙을 채울 때 중요한 것은, 꼭 'water space'를 만들어주어야 한다는 거예요. 화분에 물을 주다 보면 물이 금방 스며들지 않고 잠깐 흙 위에 머물 때가 있지요. 바로 그때를 위한 공간을 말하는 거예요. 화분 맨 위 3cm 정도 공간을 남겨두시면 돼요. 그래야 물을 줄 때 흙이 화분 밖으로 흘러 넘치지 않는답니다.

09>>
화분 아래 물구멍으로 조금 흘러나올 때까지 물을 주세요. 흙 높이가 좀 낮아질 수도 있는데, 그만큼 보충해주면 된답니다. 실제 분갈이 과정은 끝!

10>>
저는 이 녀석에게 예쁜 옷을 한 겹 더 입혔어요. 훨씬 더 예쁘죠? 아이비는 공중에 걸어두면 줄기가 아래로 늘어지는 멋을 감상할 수 있어요.

· 05 · 분갈이
❷ 큰 화분 분갈이

작은 화분 분갈이에 이어 이번엔 제법 덩치가 큰 화분 분갈이에 도전해볼까요?

재료

화분, 부직포(또는 망), 가위, 스티로폼, 난석, 분갈이용 흙

TIP!

큰 화분의 경우 배수층에 마사토 대신 스티로폼
과 난석을 사용해요. 무게가 훨씬 가볍답니다.

01>>
화분 가득 자란 산호수를 옮겨 심을 거예요. 줄기가 아래로 흘러내리듯 자라는 녀석이니까 키가 큰 화분이 좋겠어요.

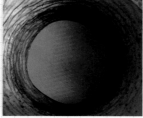

02>>
화분의 물구멍을 막아줄 부직포를 큼지막하게 자르세요. 화분 바닥에 널찍하게 깝니다.

03>>
분리수거함에 가면 버려진 스티로폼이 많아요. 큰 조각으로도 자르고, 좀 더 작은 조각으로도 자르세요.

04>>
큰 조각을 먼저 아래에 넣고 작은 조각을 넣은 다음, 손으로 눌러 틈을 최소화하세요. 스티로폼의 양은 화분 전체 높이의 1/4 가량이 좋아요.

05>>
가장 큰 난석부터 중간 크기, 가장 작은 난석의 순서로 넣습니다. 스티로폼이 보이지 않을 만큼만 넣으면 돼요. 스티로폼 조각 사이로 흙이 덜 빠져나가도록 막는 역할을 합니다.

06>>
나머지 화분 높이의 2/3만큼 분갈이용 흙을 넣으세요. 화분을 들고 바닥을 살살 치면 흙이 골고루 퍼집니다.

07>>
이제 화초를 심을게요. 원래 심겨 있던 화분에서 화초를 빼내기 위해 꽃삽으로 화분 겉을 두드립니다.

08>>
그래도 안 빠지면 망치로 좀 더 세게 두드리세요.
★ 뿌리가 화분에 완전히 달라붙어 분리하기 힘들 때도 있어요. 사기 화분의 경우, 뿌리가 떨어지지 않으면 망치로 깨버리기도 해요.

09>>
꽃삽을 가장자리 흙에 깊이 집어넣고 뿌리가 상하지 않도록 조심하면서 들어 올립니다. 화분을 옆으로 눕혀 뿌리 전체를 빼내세요.

10>>
이때 흙이 많이 떨어져 나가는데, 뿌리에 붙어 있는 흙은 다 털어내지 마세요. 단, 상하거나 말라버린 뿌리가 있으면 잘라버리는 게 좋아요.

11>>
준비해놓은 화분에 넣으세요. 나머지 빈 공간에 다시 새 흙을 넣으면 됩니다.

12>>
윗부분의 흙을 손으로 눌러 정리하세요. 흙을 화분 맨 위까지 다 채우면 안 되는 거 아시지요? 큰 화분의 경우에는 5cm가량 공간을 남겨놓으세요.

13>>
자, 이제 물을 주세요. 물구멍으로 물이 약간 흘러나올 때까지 주면
돼요.

14>>
작업이 끝났습니다. 분갈이 후에는 적어도 3~4일 동안 바람이 없는
반음지에 두고 새로운 환경에 서서히 적응시켜야 해요. 이때, 식물이
시들해지면서 잠시 몸살을 앓기도 하는데 누렇게 상한 잎은 그때그
때 잘라내고 잎에 물을 뿌려주면 도움이 된답니다.

TIP!
스티로폼은 가벼워서 화분 무게를 줄여주고 보온성이 있어 겨울에 식물의 뿌리를 보호해준답니다. 흔히 생각하는 것처럼 식
물에 나쁜 영향을 끼치는 건 아니에요. 단, 영양분이 없기 때문에 너무 많은 양을 사용하는 것은 안 좋아요.

🍃 알아두세요!
분갈이는 봄과 가을에 하는 것이 가장 좋지만 실내 화초 대부분 계절에 크게 영향을 받지 않아요. 그래도 너무 추운 겨울은 피하는 게 좋습니다. 식물의 뿌리가 화
분에 꽉 차 있거나 물구멍으로 뿌리가 뻗어 나왔다면 분갈이를 해야 할 시기랍니다. 시간으로 봤을 때, 분갈이한 지 2년이 넘었다면 해주어야 해요. 이쯤 되면 흙
에 영양분이 별로 남아 있지 않거든요. 비료를 주는 것보다 새 흙으로 분갈이를 하는 게 더 좋답니다. 햇빛도 적당하고 물도 제대로 주고 병충해도 없는데 식물이
잘 자라지 않거나 시들하다면 분갈이를 하세요. 꽃이 피는 식물의 경우, 꽃이 지고 난 뒤에 하시고요.
분갈이를 하면 어떤 식물은 잎이 시들거나 누렇게 되면서 몸살을 앓는데, 시간이 해결해줄 테니 너무 걱정 마세요. 물만 잘 주면 됩니다. 그리고 분갈이 직후 식물
을 강한 햇빛에 내어놓지 마세요. 햇빛을 좋아하는 식물이라도 4~5일 정도 반음지에서 적응시키다가 서서히 햇빛을 쪼이세요. 그리고 분갈이를 한 뒤 비료는 주
지 마세요. 적어도 한 달 이상 지난 뒤에 주는 게 좋아요.
참, 다육식물과 선인장을 분갈이할 때는 흙에 주의해야 해요. 분갈이용 흙에 마사토를 섞어 쓰면 좋은데 분갈이용 흙과 마사토의 비율이 1:1 정도가 적당하답니다.
그리고 관엽식물과는 달리 분갈이 직후에 물을 주지 않고 일주일 정도 지나면 물을 줍니다.

모성을 상징하는 선인장, 리톱스

리톱스Lithops의 출산 과정을 지켜보다가 엄마가 떠올라 눈시울이 뜨거워졌습니다. 흐르는 눈물을 얼른 닦았어요. 저를 낳고 기르시며 손등 야위신 우리 엄마. 여기저기 다 해지고, 늙고, 병들고….

리톱스는 1년에 한 번씩 새끼를 만드는데(탈피), 이때 모체는 죽습니다. 그 과정을 지켜보면 한 생명체의 생로병사가 모두 보인답니다. 새끼를 내보내기 위해 어미의 몸이 찢어지고, 새끼에게 영양분을 내주기 위해 어미의 몸이 주름투성이로 변해 말라 사그라지는 과정까지, 가히 동물적이라 할 수 있지요. '내 몸은 어떻게 되어도 좋아, 내 새끼가 예쁘고 착하게만 살아간다면!'

그 모습이 꼭 모든 것을 희생하는 모성의 상징 같아요. 철없던 시절, 제게 생선 살 발라주며 당신은 뼈만 먹는 엄마의 모습이 싫어서 그 뽀얗고 부드러운 생선 살 입에 넣어 굴리면서 '난 절대로 엄마처럼 살지 않을 거야!'라고 다짐했죠. 그렇게 엄마가 발라준 생선 살을 먹으면서 자랐고, 이제는 저도 이렇게 찬란하고 예쁜 유민이를 낳아 엄마가 되었지요.

그런데 저의 옛 다짐은 어디로 갔는지, 이제는 제가 그러고 있네요. 새끼에게 뽀얀 살 발라주고 저는 뼈만 빨아 먹어도 그렇게 맛날 수가 없으니 말이에요. 예쁜 걸 보거나 맛난 음식을 먹을 때는 제일 먼저 딸 유민이가 생각납니다. 그리고 세상에 지쳐 기운 없고 맥이 풀릴 때에는 엄마가 가장 먼저 떠오르니 저, 정말 못된 딸이지요? 엄마에게 받은 사랑 반의 반만이라도 우리 유민이에게 전할게요.

엄마, 고맙습니다. 그리고 사랑합니다.

TIP!

리톱스는 다육식물입니다. 가을에서 봄까지 자라고 여름에는 쉬어요. 돌 같은 생김새와 빛깔 때문에 '스톤 페이스Stone Face'라는 재미있는 이름도 있어요. 가을에는 꽃도 핀답니다. 꽃이 진 후 씨앗을 받아서 발아시켜 키우는 것도 재미있지요.

·06· 꺾꽂이

우리 집 그린 인테리어 소품으로 가장 많이 애용하는 신홀리페페로미아.

동글동글 작고 귀여운 잎이 늘어진 모습이 너무 예뻐요.

1년 6개월 전에 구입한 2천 원짜리 포트 하나가 지금은 크고 작은 화분으로 열한 개나 된답니다.

어떻게 이렇게 식구를 많이 늘렸냐고요? 비밀은 꺾꽂이를 했기 때문이랍니다!

재료

화분, 망, 꽃삽, 가위, 나무젓가락, 마사토, 꺾꽂이용 배양토

01>>
건강한 줄기를 선택하세요. 너무 연한 부분 말고 약간 갈색이 도는 단단한 줄기가 좋아요. 흙에서 두세 마디 윗부분을 소독한 가위로 자르세요.

02>>
긴 줄기는 다시 몇 등분으로 나눕니다. 짧은 건 그대로 두어도 되고요. 이제 줄기마다 끝 부분을 약간씩 다듬어야 해요.

03>>
가위로 아래쪽 한두 마디 정도 잎을 떼어내면 되는데, 흙 속에 쏙 잘 들어가도록 하기 위해서지요.

04>>
줄기를 물이 담긴 컵에 꽂으세요. 이건 물 올리기를 하는 과정이랍니다. 줄기가 실컷 물을 빨아들이도록 1시간 이상 이렇게 두면 돼요.

TIP!
가위를 간편하게 소독하는 방법이 있어요. 바로 가위 날을 가스레인지 불에 잠시 달궜다가 식혀서 사용하는 거예요.

05>>
그동안 뭘 할까요? 아! 화분을 준비해야죠. 화분 아랫부분의 물구멍 위에 망을 까세요. 양파 자루나 부직포도 좋아요.

06>>
화분의 1/4가량 마사토를 까세요. 마사토 위에 배양토를 넣어요. 화분의 3/4 정도만 손으로 가볍게 꾹꾹 눌러 채우면 돼요.

07>>
나무젓가락으로 화분에 심을 줄기의 수만큼 구멍을 뚫으세요. 식물이 흙에 들어갈 때 잘린 면에 상처가 나는 것을 막을 수 있답니다. 상처가 생기면 줄기가 물러져버리거든요.

08>>
물 올리기가 끝난 줄기를 구멍에 하나하나 넣습니다. 상처가 나지 않도록 조심하세요.

09>>
줄기를 다 꽂으셨나요? 이제 물을 주어야 해요. 천천히, 물구멍으로 물이 약간 흘러나올 때까지 주세요.

10>>
바람이 들어오지 않는 밝은 음지로 화분을 옮기세요. 이제 잘 크는지 지켜보기만 하면 된답니다. 물은 화분의 겉흙이 말랐다 싶을 때 주세요.

🌱 **알아두세요!**
꺾꽂이할 때, 영양분이 풍부한 흙은 오히려 좋지 않아요. 염분이 없는 강모래나 꺾꽂이용 배양토, 또는 피트모스를 쓰는 게 안전하지요. 성공률을 높이려고 비료나 영양제를 주는 분도 있는데, 그렇게 하면 줄기가 썩어버린답니다. 잎이 넓은 식물은 잎을 많이 잘라내고 꺾꽂이하세요. 넓은 잎으로 광합성을 하면 그쪽으로만 에너지가 많이 소모되어 뿌리 내리는 데 지장이 있답니다.

·07· 포기나누기

우리 집의 스파티필룸은 번식력이 워낙 왕성해서 해마다 포기나누기를 해주었어요.
3년 전 2천 원짜리 포트 하나로 시작한 것이 벌써 화분이 몇 개나 되는지 모른답니다.
'포기'란, 뿌리를 단위로 한 식물의 낱개 단위예요.
포기로 번식하는 식물은 원래의 큰 포기가 해마다 새끼를 친답니다.
즉 매년 새끼 포기가 생겨나서 번식을 하는데, 그 새끼 포기를 따로 떼어내서
새 화분에 심으면 다시 큰 포기로 자라는 것이지요. 계속 그렇게 하다 보면
화초를 많이 늘릴 수가 있어요. 함께 해보실래요? 너무너무 쉬워요.

재료

화분, 꽃삽, 망, 분갈이용 흙, 마사토

01>>

화초를 화분에서 분리해야 해요. 꽃삽을 화분 가장자리 흙 속으로 깊게 꽂으세요.

02>>

힘을 주어 꽃삽을 바깥쪽으로 밀어젖히세요. 화분 가장자리를 따라 돌아가면서 이렇게 하면 흙과 함께 화초 뿌리가 드러나지요.

03>>

화분에서 빼낸 화초를 눕혀요. 그런 다음 손으로 흙을 털어내세요. 뿌리가 다치지 않도록 부드럽게 털어내야 해요.

04>>

뿌리가 좀 더 확실하게 드러났지요? 포기가 여러 개 보이네요.

05>>

좀 더 자세히 보고 싶으시다고요? 보세요. 한 포기, 두 포기, 세 포기…. 전체적으로 보면 포기가 훨씬 더 많아요.

06>>

그중 한 포기를 선택해서 잘 분리하세요. 수많은 포기의 뿌리가 얽혀 있기 때문에 손으로 살살 풀면서요.

07>>

드디어 두 포기를 떼어냈습니다. 원하는 만큼 포기를 떼어내면 돼요. 그리고 상하거나 썩은 뿌리, 너무 길게 자란 뿌리는 싹둑 자르세요.

08>>

새 화분에 심으세요. 한 화분에 한 포기만 심어도 되고 두 포기, 세 포기를 함께 심어도 상관없어요. 화분 크기에 맞게 심으세요. 그리고 물을 흠뻑 주면 된답니다.

🌱 **알아두세요!**

포기나누기를 하기에 좋은 시기는 겨울을 제외하고 아무 때라도 괜찮은데, 꽃이 피는 식물이라면 꽃이 진 직후에 하는 것이 좋아요. 포기나누기를 한 뒤에는 아주 밝은 햇빛을 좋아하는 식물이라도 3~4일간은 바람 없는 반음지에서 새 환경에 적응하도록 두었다가 장소를 옮기세요. 꺾꽂이와 비교하면 포기나누기가 훨씬 더 안전하고 번식 성공률도 높답니다.

·08· 알뿌리식물 보관법

샤넬 No.5도 울고 갈 매혹적인 향기, 히아신스.

"나보다 더 예쁜 꽃 있음 나와보라 그래"라고 외치는 듯한 노란색 수선화….

그러나 날씨가 점점 따뜻해지면 수선화, 튤립, 크로커스, 히아신스 등

알뿌리식물의 꽃이 거의 다 지는 시기가 옵니다.

늦봄이 되어 꽃이 지고 나면 대부분 화초가 죽었다고 생각해서 내다버리지만

뿌리를 잘 보관하면 다음 해에 더욱 풍성하고 예쁜 꽃을 볼 수 있다는 사실, 아시나요?

이 식물들은 뿌리를 캐내 잘 보관하다가 저온 처리를 해 겨울의 추위를

어느 정도 겪도록 해야만 튼실해지고 봄에 꽃도 잘 핀답니다.

Step 1 알뿌리식물 보관하기

이렇게 하세요

01>>
시들어버린 수선화예요. 시든 꽃송이를 자르세요.

02>>
꽃대와 잎은 그대로 둡니다. 이들은 광합성 작용을 하면서 영양분을 알뿌리에 보내기 때문이지요. 이 때도 밝은 햇빛을 쬐어야 알뿌리가 튼튼해져요.

03>>
잎도 하나둘 시들어갑니다. 하지만 물은 평소대로 주세요. 물을 줄 때마다 액체 비료를 약간씩 물에 희석하면 좋은데, 뿌리에 영양을 공급하고 크기가 커지도록 하는 거예요.

04>>
완전히 시들어버린 잎. 이제 알뿌리가 본격적으로 휴면에 들어간 것이랍니다. 시든 잎은 가위로 잘라냅니다.

05>>
흙에서 알뿌리를 캐내볼까요? 요렇게 나옵니다.

06>>
다른 알뿌리식물도 같은 방법으로 캐내면 돼요. 화분에 그냥 두어도 되지만 캐내서 보관해야 알뿌리가 튼실해지고 꽃도 커진답니다.

07>>
양파 자루 같은 데 넣어 햇빛이 들지 않는 서늘한 장소에 보관하세요. 저는 플라스틱 그릇에 넣고 바람이 통하도록 망을 씌워 놓았답니다.
★ 밀폐 용기에 보관하면 안 돼요.

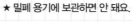

🌱 **알아두세요!**
알뿌리를 캐내고 난 뒤, 벤레이트티 수화제에 담가 소독을 한 후 보관해야 좋다고 합니다만 저는 생략합니다. 다행히 여태껏 '노 프라블럼'이었어요. 알뿌리를 다시 심을 때는 반드시 물이 잘 빠지는 흙을 써야 하는데, 마사토와 배양토를 1:2 비율로 섞어쓰면 좋아요. 그래야 자칫 알뿌리가 과습으로 썩는 것을 막을 수 있답니다. 흙은 한 번도 사용한 적이 없는 깨끗한 흙이어야 해요.

Step 2 저온 처리

01>>
알뿌리를 계속 보관하다가 9월 1일이 되면 냉장고의 냉장실에 넣어 저온 처리를 합니다. 저온 처리는 알뿌리식물이 봄에 싹을 틔우는 데 반드시 필요한 과정이에요. 최소한 45일 이상은 해야 하지요. 저는 두 달 동안 이렇게 두다가 11월 1일이 되면 꺼냅니다. '9월 1일에 냉장고에 넣어 11월 1일에 꺼내어 심는다'는 식으로 날짜를 정한 이유는 잊어버리지 않기 위해서예요.

02>>
저온 처리 기간이 끝나고 꺼내보면, 식구가 많이 불어나 있어요. 봄에 캐어 보관할 때는 뿌리 하나(아래쪽 가장 큰 덩어리)였는데 그동안 새끼를 여러 개 만들었어요. 수선화와 히아신스는 이처럼 해마다 스스로 새끼를 만들어 숫자가 늘어난답니다. 이걸 하나하나 떼어 심으면 되는 거예요. 튤립과 크로커스는 원뿌리가 없어지고 그 자리에 새 뿌리가 다시 생긴답니다.

🌿 **저온 처리를 할 때**
냉장고의 냉장실에 알뿌리를 보관하면 그 안의 과일이나 채소류에서 발생하는 에틸렌 가스에 의해 알뿌리가 피해를 입어 좋지 않다는 자료도 있어요. 하지만 일반 가정에서는 달리 방법도 없고, 다행히 아무런 문제도 없어 저는 해마다 이런 방법으로 한답니다.

Step 3 알뿌리 심기

01>>
화분에 흙을 반쯤 채운 뒤, 어느 정도 간격을 두고 알뿌리를 흙 속에 넣어요. 당연히 싹이 나올 부분을 위로 향하도록 심어야죠.

02>>
알뿌리가 보이지 않도록 흙을 덮습니다. 이미 싹이 난 것은 싹과 알뿌리 일부가 흙 위로 올라오도록 심으세요. 그런 다음 물을 흠뻑 주세요.

03>>
최저 기온 5℃ 안팎인 다소 춥고 그늘진 곳에 둡니다. 이때 물은 화분의 흙이 모두 바싹 말랐을 때 주는데, 알뿌리가 말라 죽지 않을 정도면 돼요. 자주 주면 알뿌리가 썩을 수 있기 때문에 조심!

04>>
꽃이 활짝 피었어요. 꽃이 필 때는 식물이 물을 많이 먹기 때문에 화분의 겉흙이 말랐을 때 물을 주세요.

·09· 꽃이 지고 난 후의 관리

꽃이 시들기 시작하면 시든 꽃은 그때그때 따주어야
씨앗으로 가는 영양분의 손실을 막을 수 있어요. 씨앗을 받아 심을 계획이라면 그대로 두시고요.
계속 시든 꽃을 따주다 보면 어느 순간 꽃이 모두 지고 푸른 잎만 남지요.
꽃이 한창 피어 있을 때는 줄기가 꽃을 위해 영양분을 양보해서
줄기의 성장이 거의 멈춘 듯 보여요.
하지만 꽃이 모두 지고 나면 줄기가 왕성하게 자라기 시작한답니다.
한 계절에만 꽃을 피우는 여러해살이 식물의 경우,
이때 조금만 신경 써서 손질해두면 다음 해에 더욱 멋진 모습을 볼 수가 있어요.

❶ 가지치기

꽃이 지고 나면 한 뼘 정도만(작은 크기의 식물은 두세 마디 정도) 남겨두고 가지를 자르세요. '아이고, 이 예쁜 녀석을 홀라당 삭발시키라는 말인가?' 하고 생각하시겠죠? 가지치기를 하면 다음 해에 더욱 풍성한 꽃을 볼 수가 있어요. 이후로도 계속 자라니까 마음 단단히 먹고 길게 자란 줄기는 싹둑싹둑 자르세요.

가지치기 후

❷ 분갈이

식물의 뿌리가 화분에 꽉 차지 않고 여유가 있다면 꼭 해마다 분갈이를 하지 않아도 돼요. 하지만 화분 물구멍으로 뿌리가 나와 있거나 흙을 살펴봐서 뿌리가 화분에 꽉 차버렸다면 좀 더 큰 화분으로 옮겨 심는 것이 좋답니다. 꽃이 피는 식물은 이렇게 꽃이 지고 난 뒤에 가지치기를 하고 분갈이를 하면 아주 좋아요.

❸ 비료 주기

분갈이를 하지 않아도 된다면 가지치기를 한 직후, 화분의 흙 위에 고형 비료를 몇 개 얹어놓아 영양을 보충하세요. 다른 비료를 주는 것보다 고형 비료를 놓아두면 물을 줄 때마다 서서히 녹으면서 오랫동안 영양을 공급하기 때문에 별다른 신경을 쓰지 않아도 된답니다.

❹ 물 주기와 햇볕 쪼이기

식물은 꽃이 피었을 때 물을 더 자주 먹어요. 그러다 보니 꽃이 지고 난 다음부터는 물 흡수량이 줄어들어 물 주는 주기가 좀 더 길어지지요. 그래도 물 주기 원칙은 꼭 지켜야 해요. '화분의 겉흙이 말랐을 때 한 번에 흠뻑 주라'는 거 말이에요.
꽃이 지고 잎만 남았다고 햇볕이 필요 없는 것은 아니랍니다. 햇볕을 충분히 쪼여야 줄기는 물론 뿌리도 건강해져서 다음 해에 예쁜 꽃을 볼 수 있어요.

우리 집엔 작은 화분만 2백 개가 넘어요. 베란다 화단에 심은 덩치 큰 애들과 실내에 놓아둔

크고 작은 화분까지 합치면 초록이가 3백 개는 훨씬 넘겠네요.

제가 사는 강원도 춘천은 우리나라에서 가장 추운 곳 중 하나랍니다.

하지만 1년 중 제일 추운 1월 중순에도 우리 집 베란다는 그 어느 때 못지않은 초록 세상이에요.

그 어마어마하게 많은 화분을 어떻게 월동시키냐고요?

'아니, 그러면 화분을 밤에는 실내에 들여놓고 낮에는 베란다로 내놓고, 매일 그러고 사나?'

궁금하시지요? 아니에요. 그 많은 화분을 어떻게 다 들여놨다 내놨다 하겠어요.

지금부터 방법을 알려드릴게요.

온도계를 준비하라

초록이를 제대로 월동시키기 위해서는 베란다에 꼭 온도계가 있어야 해요. 초록이가 놓인 공간의 최저 온도를 알아야만 하니까요. 하루 중 제일 추울 때가 한밤중이 아니라 새벽이라는 거, 아시지요? 대략 새벽 4시에서 6시 사이가 가장 춥다고 합니다. 이때의 온도를 체크해보셔야 해요.

식물이 월동할 수 있는 최저 온도를 기억하라

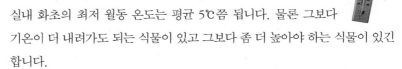

실내 화초의 최저 월동 온도는 평균 5℃쯤 됩니다. 물론 그보다 기온이 더 내려가도 되는 식물이 있고 그보다 좀 더 높아야 하는 식물이 있긴 합니다.

가장 낮은 온도에서 월동 가능한 초록이를 말씀드릴게요. 제가 직접 키워본 녀석들만 소개합니다. 이 녀석들은 0~5℃에서 월동이 가능하답니다. 남천, 골드크레스트, 아이비, 마삭줄, 아라우카리아, 유카, 제라늄, 블랙클로버, 백정화, 철쭉, 팔손이, 사철나무, 소철, 향나무, 재스민, 코르딜리네(유통명 '홍죽'), 관음죽, 셰플레라(유통명 '홍콩야자'), 시클라멘, 페리윙클 등.

영하로 떨어지지만 않으면 이 초록이들은 거뜬하게 월동할 수 있어요. 하지만 베란다에서 물이 언다면 실내로 들여놓으셔야 합니다.

대부분 10℃ 안팎이면 괜찮다

앞에 소개한 식물 말고 다른 녀석들은 대부분 5℃ 이상 유지하면 돼요. 원예 서적이나 인터넷을 보면 온도에 따라 월동하는 식물을 여러 파트로 분류해서 소개해놓았어요. 하지만 초록이 하나하나 온도 관리를 따로 할 수는 없는 일!

그럼 방법은? 그냥 10℃ 안팎으로 맞추면 됩니다. '너무 추운 거 아니야? 사람 같으면 얼어 죽을 텐데….' 생각하시죠? 식물은 사람과 다릅니다. 너무 따뜻한 환경에서만 키우면 건강하지 않아요. 얼지 않을 만큼 추위를 겪어봐야 더 튼실해지고, 꽃이 피는 식물이라면 꽃눈도 많이 생기지요.

10월 말만 되면 밖에 있는 식물을 모두 실내로 들이느라 수고하는 분들이 많지만 저는 바깥 온도가 0℃ 가까이 떨어지지만 않는다면, 11월 말까지도 베란다 창문을 모두 열어놓는답니다. 다가올 한겨울 추위에 서서히 적응시키기 위한 방법이기도 해요.

물 주기와 환기

겨울철 물 주기는 아주 중요합니다. 수돗물을 받아서 금방 주면 물이 너무 차서 약한 뿌리는 녹아버릴 수 있으니까 꼭 실온과 비슷하게 만든 후에 주어야 해요. 미지근한 물을 섞어 줘도 되고요. 물 주는 시간도 기온이 내려가기 쉬운 너무 이른 아침이나 늦은 저녁은 피하는 게 좋아요.

겨울철 초록이에게 가장 치명적인 것은 찬 바람에 직접 노출되는 거랍니다. 낮은 기온 자체도 그렇지만 바람이 부는 날 창문을 열어놓았을 경우, 찬 바람이 초록이 몸에 직접 닿으면 줄기와 잎이 얼어버릴 수 있어요. 그러니까 환기를 할 때는 초록이들을 둔 장소의 반대쪽 창문을 열면 됩니다. 예를 들어 앞베란다에 초록이들을 두었다면 뒷베란다 창문만 열어두면 된다는 뜻이에요.

찬 바람을 막자

창문과 창틀 사이에서 바람이 들어오는 것을 막는 거, 아주 중요합니다. 흔히 마트에서 파는 문풍지를 붙이잖아요. 이거 좋지요. 한데, 봄이 되어 떼어낼 때 보기 흉한 자국이 남습니다.

저는 마스킹 테이프를 애용한답니다. 이 녀석의 가장 큰 장점이 잘 붙고 잘 떨어지는 거잖아요. 지저분한 흔적 없이 깨끗하게 떨어지는 거, 너무 맘에 들어요. 마스킹 테이프를 문틈에 붙이세요.

'우리 집은 물이 얼 정도는 아니지만 그래도 추운데, 그 엄청난 화분을 다 실내로 들여놓을 수도 없고 어떻게 하나' 고민하신다면 이런 방법도 있답니다. 커다란 비닐을 준비하세요. 전날 밤부터 다음 날 아침까지 화분 위에 덮으면 식물들을 추위로부터 어느 정도 보호할 수 있답니다. 대충 덮지 말고 식물의 몸이 비닐로 다 덮여야 해요. 몰래 숨어 들어오는 바람을 걱정하는 분께 추천하는 방법이랍니다. 비닐 대신 신문지도 보온 효과가 있다고 합니다.

🌿 **알아두세요!**

식물을 같은 베란다에 두더라도 바깥 창문 쪽보다 안쪽(거실 쪽) 창문 가까이에 놓아두는 게 좋습니다. 별 차이가 없을 것 같지만 크게는 3℃ 정도 차이가 난다고 하네요. 그리고 겨울에도 햇빛은 식물에 아주 중요하답니다. 실내로 화분을 들여놓을 경우에는 해가 잘 비추는 장소에 두어야 합니다. 어쩔 수 없이 햇빛이 부족한 실내에 두더라도 최대한 밝은 위치에 두세요. 겨우내 웃자라게 되겠지만 물만 주면 죽지는 않는답니다. 다음 해 봄에 다시 밖으로 나가 햇빛을 보면 예뻐질 거예요. 난방을 하는 실내에서 겨울을 보내는 화초는 물 관리를 더 잘해야 해요. 물이 금방금방 마르니까요. 참, 겨울 채비에 들어가기 직전 식물을 손질해두면 좋아요. 누런 잎이나 너무 많이 자란 줄기는 잘라버리세요.

알아두면 좋은 용어,
'이런 말은 이런 뜻'

저면관수 底面灌水

화분에 물을 줄 때 화분 위에서 뿌리는 게 아니라 화분 전체를 물에 담가 흙이 물을 빨아들이도록 하는 방법이에요. 꽃이나 잎에 물이 닿으면 상하는 식물에 물을 주거나, 물이 말라 시들해진 식물에게 오랫동안 물을 먹게 해줘서 회복시킬 때 사용하면 좋답니다. 보통 화분 높이의 반 정도 물에 잠기도록 한 다음 화분의 겉흙이 촉촉해지면 건져내요.

목질화 木質化

식물의 가지나 줄기가 시간이 지나면서 나무처럼 단단해지고, 색깔도 연한 녹색에서 갈색으로 변하는 현상을 말해요.

칠복신

제라늄

웃자라다

식물의 줄기가 보통보다 길고 가늘게 자라면서, 잎과 잎 사이의 간격이 넓어지고 잎도 작아지는 현상이에요. 햇빛이 부족해서 생기는데, 식물이 빛을 찾아 길게 목을 빼는 것으로 이해하면 쉽답니다.

잘 자란 빅소플랜트

웃자란 빅스플랜트

식물이 몸살을 앓는다

갑작스러운 환경의 변화가 생겼을 때 식물이 적응할 때까지 잠시 힘들어하는 현상을 뜻해요. 분갈이를 한 직후라던가, 실내(음지)에 두었다가 밖(양지)으로 내놓았거나 그 반대의 경우, 갑자기 더운 곳에서 추운 곳으로 옮겼거나 그 반대의 경우에 식물의 잎이 많이 떨어지거나 시들거리는 현상입니다. 식물은 환경 변화를 가장 싫어하기 때문에 가급적이면 화분을 사 오거나 분갈이를 한 후에는 자리를 자주 옮기지 말고 한 곳에 놓고 길들이는 게 좋답니다.

굴광성 屈光性

식물이 빛에 반응하는 성질을 가리키는 말로, 잎과 줄기는 빛이 있는 쪽을 향하고 뿌리는 그 반대쪽으로 향하는 현상이랍니다. 집에서 키우는 식물이 한쪽으로만 고개를 돌려 모양이 이상해졌다는 말은 바로 굴광성 때문이에요. 이럴 때는 화분을 주기적으로 돌려놓으면 돼요. 이것을 '분 돌리기'라고 하지요.

달러위드

홍옥

index

아파트에서도 싱그럽게!
우리 집 환경에 맞는 화초 추천 & 홈가드닝 꿀팁 전수

산타벨라처럼 쉽게
화초 키우기

초판 1쇄 2009년 4월 30일
개정 2판 2쇄 2023년 3월 1일

글 · 사진 | 산타벨라(성금미)

발행인 | 박장희
부문 대표 | 정철근
제작 총괄 | 이정아
편집장 | 조한별

표지 디자인 | ALL designgroup
내지 디자인 | 변바희, 김미연
표지 이미지 | ⓒGetty Images Bank

발행처 | 중앙일보에스(주)
주소 | (03909) 서울시 마포구 상암산로 48-6
등록 | 2008년 1월 25일 제2014-000178호
문의 | jbooks@joongang.co.kr
홈페이지 | jbooks.joins.com
네이버 포스트 | post.naver.com/joongangbooks
인스타그램 | @j__books

ⓒ성금미, 2020
ISBN 978-89-278-1110-7(13590)

중앙북스는 중앙일보에스(주)의 단행본 출판 브랜드입니다.

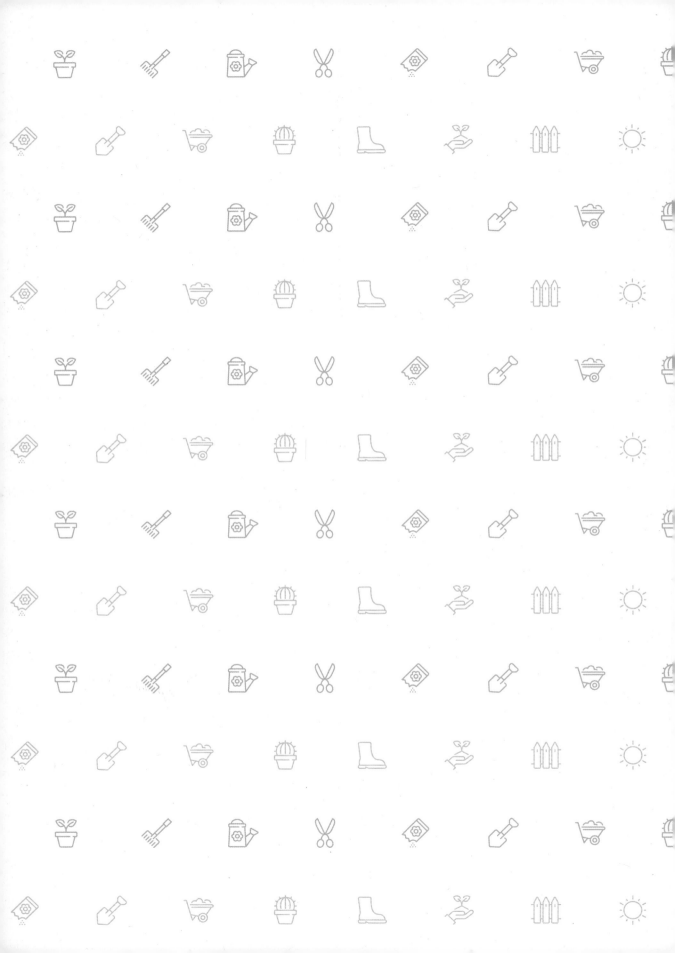